AF452739

DOCUMENTS

POUR SERVIR A

L'HISTOIRE DE LA BOTANIQUE

EN TOURAINE

PAR

E.-H. TOURLET

Licencié ès sciences
Président d'Honneur de la Société Pharmaceutique d'Indre-et-Loire
Membre de la Société Botanique de France

TOURS
LIBRAIRIE PÉRICAT
35, Rue de la Scellerie

1905

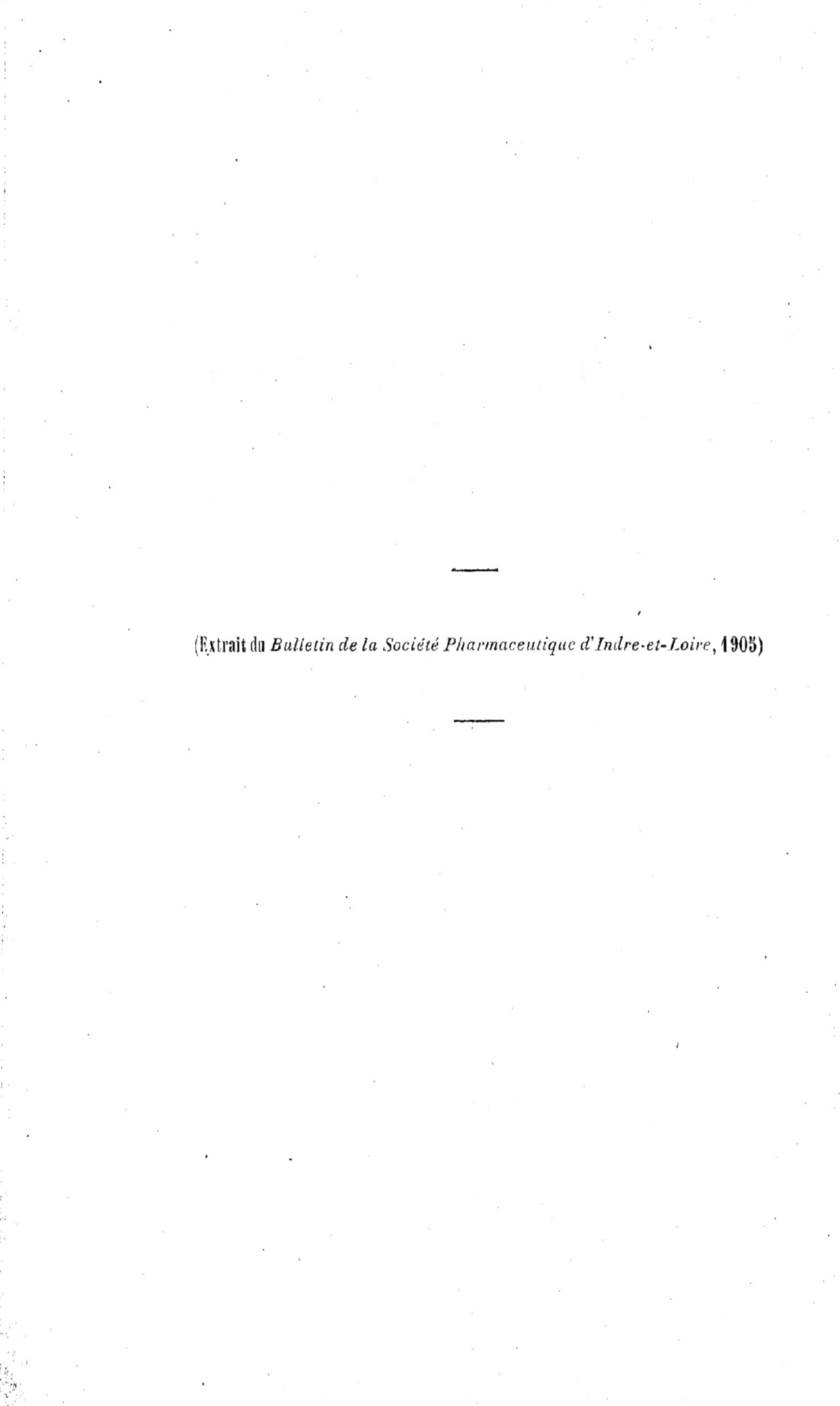

(Extrait du *Bulletin de la Société Pharmaceutique d'Indre-et-Loire*, 1905)

DOCUMENTS

POUR SERVIR A

L'HISTOIRE DE LA BOTANIQUE

EN TOURAINE

———

La Touraine n'a pas eu, comme beaucoup de nos anciennes provinces, le privilège d'être explorée de bonne heure par des botanistes désireux d'en faire connaître la flore. Aussi, les publications des naturalistes qui se sont succédé depuis la Renaissance jusqu'au moment de la Révolution ne donnent-elles que fort peu de renseignements sur la végétation de cette contrée.

Cependant, un illustre savant, Rabelais, qui vivait dans la première moitié du XVIᵉ siècle et qui, semble-t-il, connaissait trop bien les plantes pour ne les avoir étudiées que dans les livres, avait peut-être herborisé dans le Chinonais, son pays natal, mais il n'a rien laissé qui permette de préciser ce fait, et ce n'est qu'un siècle après la mort de cet homme éminent, que l'on trouve quelques indications relatives à la flore tourangelle.

Gaston d'Orléans, créateur du Jardin botanique de Blois,

avait attaché à cet établissement plusieurs naturalistes chargés d'en accroître les collections (1). Ils devaient parcourir à
ses frais les diverses parties de la France pour en faire connaître la végétation et en rapporter les plantes intéressantes.
Ce projet n'avait pas encore reçu sa complète exécution
lorsque Gaston mourut, en 1660. Cependant les botanistes
blésois avaient déjà visité plusieurs provinces du Centre, du
Nord et de l'Ouest, et le résultat de leurs explorations avait
été consigné dans un manuscrit conservé aujourd'hui à la
Bibliothèque nationale (2).

C'est dans ce travail, analysé il y a quelques années par
M. le docteur Bonnet (3), que se trouve, à ma connaissance, la
plus ancienne liste de plantes récoltées dans notre département. On y relève notamment : à Rochecorbon, le *Sisym-
brium Irio*; à Véretz, le *Cephalanthera ensifolia*; à Chenonceaux, l'*Orchis Simia (flore albo)*; aux environs de Chinon, le
Polycarpon tetraphyllum, le *Crucianella angustifolia*, le *Phyteuma orbiculare*, l'*Euphorbia pilosa*, l'*Orchis pyramidalis*.

Les naturalistes attachés au Jardin de Blois ont-ils recueilli
eux-mêmes toutes ces plantes? Le titre du manuscrit le don-
nerait à penser. Il n'est pas impossible cependant qu'un certain nombre d'entre elles leur aient été communiquées par
des correspondants. Morison nous apprend, en effet, dans
un de ses ouvrages (4), qu'il existait alors à Tours un bota-

---

(1) Le personnel scientifique du Jardin de Blois comprenait : Abel de Brunyer père, directeur de l'établissement depuis sa fondation jusqu'à la mort de
Gaston (1636-1660); Jean Laugier et Nicolas Marchant, attachés au Jardin pendant toute la durée de son existence; Robert Morison (1650-1660), et sans doute
aussi Abel Brunyer fils. — Morison, né à Aberdeen (Écosse), en 1620, rentra
ensuite en Angleterre, où il publia plusieurs ouvrages estimés et où il mourut
en 1683.

(2) Voici le titre de ce document : *Index plantarum Augustissimi principis,
Regis patrui, Aurelianensium ducis jussu, et largitione in Gallia conquisita-
rum ab anno 1648 ad 1657.* (Bibl. nat., Fonds latin nº 6824). Une partie des
indications fournies par ce manuscrit se retrouve dans le *Plantarum historia*
de Morison.

(3) Association française pour l'avancement des sciences; session de Limoges,
1890. — Paris, 1891, 2ᵉ partie, p. 464.

(4) *Plantarum historiæ universalis oxoniensis pars secunda*, p. 156. (Oxonii,
1680).

niste, le docteur de Fray (1), avec lequel il était en relations.

Vers la même époque, un autre médecin, Besnier, grand
amateur de plantes et auteur de plusieurs publications esti-
mées sur la botanique horticole et médicale, voyait le jour en
Touraine (2). Il dut sans doute, comme le précédent, herboriser dans cette province, mais, sur ce point encore, on en
est réduit aux conjectures.

En 1747 seulement, paraît une nouvelle liste de plantes
tourangelles. Elle se trouve dans un petit ouvrage intitulé :
Observations sur les Plantes, dû à un pharmacien d'Étampes,
Guettard (3), qui, sans cependant parler de la Touraine, dit
avoir rencontré ces végétaux le long des levées de la Loire,
depuis Orléans jusqu'à Saumur, et par conséquent dans la
traversée de notre département (4).

C'est à peu près tout ce que l'on savait à l'époque de la
Révolution sur la végétation de notre beau pays. Buc'hoz (5),
résumant dans son *Dictionnaire*, publié en 1770 et 1771, les

---

(1) Jean de Fray (ou Deffray, d'après des actes notariés retrouvés par mon
excellent ami, M. Boutineau), reçu docteur en médecine à Montpellier, était
originaire de Tours. Il fut agrégé au Collège des médecins de cette ville le
21 août 1658, et il vivait encore en 1684 (Boutineau, *in litt.*).

(2) Besnier (Pierre-Charles-Louis) naquit à Sonzay en 1668. Son goût pour les
sciences naturelles lui fit embrasser la carrière médicale. Reçu docteur à
Montpellier, il s'établit à Caen, où il mourut le 22 mars 1761. On lui doit, entre
autres publications : *Le Jardinier botaniste*, Paris, 1704, ouvrage qui a eu plusieurs éditions ; *Abrégé curieux touchant le Jardinage*, Paris, 1706 ; *Traité de
la matière médicale de Tournefort*, Paris, 1712 ; *Nouvelle Maison rustique*,
Paris, 1721.

(3) Guettard (Jean-Étienne), né à Étampes le 22 septembre 1715, mourut à
Paris le 7 janvier 1786. Il était membre de l'Académie des Sciences depuis 1743.
Ses *Observations sur les Plantes* (2 vol. in-12, Paris, 1747), donnent la florule
de l'Orléanais, et en particulier des environs d'Étampes, et mentionnent quelques espèces recueillies par l'auteur depuis Nevers jusque dans le Bas-Poitou.

(4) Les plus remarquables de ces plantes sont : *Diplotaxis tenuifolia, Inula
britannica, Artemisia campestris, Asclepias Vincetoxicum, Scrofularia canina,
Digitalis purpurea, Verbascum nigrum, Chenopodium Bonus-Henricus, Mar-
silea quadrifolia.*

(5) Buc'hoz (Pierre-Joseph), né à Metz le 27 janvier 1731, mourut à Paris le
30 janvier 1807. On lui doit un grand nombre d'ouvrages concernant la botanique, notamment un *Dictionnaire raisonné universel des Plantes, Arbres et
Arbustes de la France*, 4 volumes in-8°, Paris, 1770-1771.

travaux de ses devanciers sur la flore de la France, ne mentionne, en effet, que quelques espèces cultivées alors avec succès en Touraine, notamment l'anis et l'amandier ; et Lamarck (1), dans les deux éditions de sa *Flore française*, parues, la première en 1778, la seconde en l'an III, ne cite même pas cette province parmi celles dans lesquelles il signale des plantes intéressantes.

Lors de l'apparition de ce dernier ouvrage, des recherches fructueuses avaient cependant, déjà, été entreprises dans le département, mais le résultat n'en devait être publié qu'au début du xix⁰ siècle. A partir de ce moment, les botanistes deviennent plus nombreux ; ils forment des herbiers mieux compris que ceux de leurs devanciers, et l'on commence ainsi à avoir des données plus précises sur la flore du pays.

Mon intention est de résumer ici, dans une série de *Notices*, la vie et les travaux des botanistes, aujourd'hui disparus, qui, depuis les dernières années du xviii⁰ siècle, ont vu le jour dans notre département ou ont le plus contribué à en faire connaître la végétation. Je donnerai ensuite la liste des botanistes encore existants et celle des publications concernant la flore d'Indre-et-Loire.

____

(1) Le chevalier de Monet de Lamarck, né à Bazantin (Somme) en 1744, et mort à Paris en 1829, est le premier botaniste qui ait publié une Flore de France vraiment digne de ce nom. Cet ouvrage eut un grand succès. Les deux éditions que je signale ici furent suivies, en 1805, d'une troisième dont Lamarck confia la rédaction à A. P. de Candolle, puis, en 1815, d'un supplément également publié par de Candolle. L'éditeur réimprima alors sous cette date (1815). le titre de chacun des volumes de la 3ᵉ édition, encore en librairie.

I. — Notices sur la Vie et les Travaux des Botanistes tourangeaux aujourd'hui disparus.

AUBERT DU PETIT-THOUARS

La biographie de cet illustre savant n'est pas à faire. Flourens a prononcé son éloge à l'Académie des Sciences le 10 mars 1845, et, la même année, Boreau lui a consacré un long article dans le *Bulletin de la Société industrielle d'Angers*. Je crois cependant devoir résumer ici la vie de cet éminent botaniste avant de parler de ses herborisations en Touraine.

Né le 5 novembre 1758, au château de Boumois, paroisse de Saint-Martin-de-la-Place, en Anjou, il était le troisième fils de Gilles-Louis-Antoine Aubert du Petit-Thouars, alors capitaine au régiment de Rouergue, et de Marie Gohin de Boumois. Il reçut, lors de son baptême, le prénom d'Aubert, qui était en même temps le nom patronymique de la famille (1).

Devenu de bonne heure orphelin, il fut élevé par son aïeul paternel, Henry-Georges Aubert du Petit-Thouars, gouverneur

---

(1) C'est à tort que A. de Lacaze (*Nouvelle biographie générale publiée par F. Didot*), Larousse (*Grand Dictionn. universel* et *Dict. illustré*), Célestin Port (*Dict. hist. de Maine-et-Loire*), Carré de Busserolle (*Armorial de Touraine*), le Dr L. Hahn (*Grande Encyclopédie*) et divers autres auteurs lui donnent les prénoms de Louis-Marie. Il n'avait reçu que celui d'Aubert, ainsi que l'atteste son acte de baptême, transcrit sur les registres paroissiaux conservés tant à la mairie de Saint-Martin-de-la-Place qu'au greffe du tribunal civil de Saumur. Voici la copie de cet acte :

« Du cinquième jour de novembre mil sept cent cinquante-huit, a été baptisé par nous, curé soussigné : Aubert, né de ce jour, à neuf heures et demie du matin, fils de Messire Gilles-Louis-Antoine Aubert Petit-Thouars, seigneur de Boumois, chevalier, capitaine au régiment de Rouergue, et de dame Marie Gohin de Boumois, son épouse. Ont été parrain Messire Anne Boilesve du Planti, seigneur de la Modetais et autres lieux, parent au troisième degré de l'enfant ; marraine Marie-Magdelene-Susanne Aubert du Petit-Thouars, damoiselle, parente de l'enfant du premier au second degré ; père présent ; lesquels ont signé avec nous.

« Le registre est signé : Marie-Madelaine-Suzanne Aubert du Petit-Thouars, Boylesve Duplanty, Aubert Petit-Thouars et Auger, curé de St-Martin. »

du château de Saumur, et fit ses études à l'école de La Flèche, avec son frère Aristide, plus jeune que lui de deux années.

Au sortir du collège, il embrassa l'état militaire, et débuta, dès l'âge de 16 ans, comme sous-lieutenant au régiment de la Couronne.

C'est alors qu'il commença à étudier la botanique, herborisant dans les localités où il se trouvait en garnison, et explorant, lorsqu'il venait dans sa famille, les campagnes de l'Anjou, de la Touraine et du Poitou.

Son goût pour cette science ne tarda pas à devenir une véritable passion et à lui inspirer le désir de visiter des pays lointains et encore inexplorés. Son frère Aristide lui en fournit bientôt l'occasion.

Ce dernier, qui s'était déjà distingué comme officier de marine dans les guerres d'Amérique et qui, plus tard, devait trouver une mort glorieuse à la bataille d'Aboukir, avait, en effet, conçu le projet d'armer un bâtiment pour aller à la recherche de La Pérouse.

Dès qu'il apprend les desseins d'Aristide, Aubert, qui était alors capitaine d'infanterie, lui propose de l'accompagner, et les deux frères, ne pouvant trouver d'autre moyen de réaliser leur entreprise, réunissent leur patrimoine et le sacrifient tout entier à l'armement du navire.

Ils quittent Paris au mois de juillet 1792 pour se rendre à Brest, où ils doivent prendre la mer. Ils voyagent en poste ; mais notre botaniste, qui goûte peu cette façon d'aller si contraire à ses habitudes, descend de voiture et se met à herboriser. Arrêté à deux reprises différentes, il ne peut rejoindre à temps son frère qui, en partant, lui donne rendez-vous à l'Ile-de-France.

Aubert s'embarque bientôt après, visite en route l'île de Tristan-d'Acugna et le Cap de Bonne-Espérance, mais, arrivé au lieu convenu, il n'y trouve pas Aristide. Il s'en console en herborisant et explore ainsi l'Ile-de-France, Madagascar et l'Ile-Bourbon.

Après dix ans d'absence, il se décide à revenir en France où il débarque, à Rochefort, le 2 novembre 1802.

Il rapportait de son voyage un herbier considérable, de

nombreux dessins originaux et tous les matériaux propres à
rédiger la flore des contrées qu'il venait d'explorer.

Quelques années après, en 1806, il obtint la direction de
la pépinière du Roule, qu'il conserva jusqu'à la suppression
de cet établissement, en 1827. Cette situation, quoique modeste, lui permit de se livrer à ses études favorites et de
publier le résultat de ses recherches.

Il était membre de l'Académie des Sciences depuis le
10 avril 1820, lorsqu'il mourut, à Paris, le 12 mai 1831, lais
sant des travaux remarquables sur les plantes des îles aus-
trales de l'Afrique, sur la physiologie végétale et sur divers
autres sujets.

Boreau, dans la notice biographique qu'il a consacrée à ce
savant (1), et Célestin Port, dans son *Dictionnaire*, ont donné
une bibliographie à peu près complète de ses publications.

Aubert du Petit-Thouars est peut-être le plus ancien botaniste dont le résultat précis des herborisations en Touraine
soit parvenu jusqu'à nous.

A l'époque où il était officier, lorsqu'il venait dans sa
famille, qui habitait les châteaux de Saumur, de Saint-Ger-
main-sur-Vienne et du Petit-Thouars, il en profitait pour
explorer les campagnes environnantes. C'est alors qu'il visita,
sur la rive gauche de la Vienne, tout le pays compris entre
Chinon et les limites de l'Anjou, et, sur la rive opposée, les
terrains arides qui s'étendent au nord de Chinon, poussant
même ses excursions jusque dans la forêt voisine et le parc
d'Ussé.

Il y avait à cette époque, à Angers, un botaniste fort zélé,
Merlet de la Boulaye, alors directeur du Jardin des plantes
et l'un des membres les plus actifs de la Société des Botano-
philes établie dans cette ville. Du Petit-Thouars, qui faisait
lui-même partie de cette Société, entretenait avec Merlet
une correspondance suivie et lui communiquait le résultat
de ses explorations.

C'est grâce à ces relations amicales que les découvertes

(1) *Bulletin de la Société industrielle d'Angers*, tome XVI (1845), p. 55.

faites par du Petit-Thouars en Touraine n'ont pas été perdues pour la science. Quand, en effet, son esprit aventureux et son amour pour les plantes eurent décidé cet éminent botaniste à s'associer à l'expédition entreprise par son frère Aristide, il déposa, avant de partir, ses livres, ses notes et son herbier entre les mains de Merlet.

Dix années s'étaient écoulées, et du Petit-Thouars était rentré en France depuis plusieurs mois déjà, lorsque Merlet lui envoya à Paris, au printemps de 1803, l'herbier dont il était dépositaire. L'explorateur des îles de l'Afrique australe revit avec plaisir ses anciennes récoltes et eut un instant l'idée de publier, à l'aide des matériaux qu'il avait autrefois réunis, une flore de l'Anjou. Il s'en ouvrit à son ami et lui demanda même son concours (1).

Ce projet n'eut pas de suite, mais après la mort de Merlet, survenue en 1807, un de ses élèves, Davy de la Roche, ayant acheté son herbier et ses notes, publia les documents qu'ils contenaient et parmi lesquels se trouvaient les renseignements fournis jadis par Aubert au botaniste angevin.

C'est donc dans cet ouvrage, intitulé : *Herborisations dans le département de Maine-et-Loire*, par feu M. Merlet de la Boulaye (2), que sont mentionnées les plantes récoltées en Touraine par du Petit-Thouars avant son départ pour l'Ile-de-France (3).

Parmi les espèces indiquées sur la rive gauche de la Vienne, il en est peu qui soient intéressantes. Citons cependant : *Hypecoum pendulum, Orobus niger, Phalangium bicolor.*

---

(1) Correspondance de du Petit-Thouars avec Merlet, publiée par Boreau dans sa *Notice historique sur le Jardin des Plantes d'Angers (Bull. de la Soc. industrielle d'Angers*, tome xxii.)

(2) Un volume in-18 de 12 et 226 pages chiffrées, plus 2 pages non chiffrées pour l'*errata*, Angers, 1809. L'Avertissement et une Notice sur Merlet, qui occupent les premières pages, sont dus à la plume de Davy de la Roche, tandis que le reste de l'ouvrage a, pour la plus grande partie, été rédigé par Millet (N. A. Desvaux, *Observations sur les Plantes des environs d'Angers*, p. 7).

(3) Le nom de du Petit-Thouars n'est pas cité dans ce volume, mais il n'en est pas moins certain que toutes les indications relatives aux environs de Chinon sont dues à ce botaniste. Boreau, qui s'est beaucoup occupé de l'histoire de la botanique en Anjou, l'affirme dans plusieurs de ses écrits.

Sur la rive opposée, du Petit-Thouars avait fait, au contraire, des découvertes inattendues. Il avait recueilli, aux environs de Chinon : *Ranunculus gramineus, Alyssum montanum, Eruca sativa, Dianthus Caryophyllus, Arenaria triflora, Coronilla varia, C. scorpioides, Trinia vulgaris, Crucianella angustifolia, Micropus erectus, Euphorbia Gerardiana, Phalangium Liliago, P. ramosum,* etc.. et, dans le parc d'Ussé : *Potentilla supina, Cephalanthera grandiflora, Neottia Nidus Avis, Pilularia globulifera,* etc.

Indépendamment de ces plantes, presque toutes fort intéressantes et que l'on rencontre encore aujourd'hui dans ces localités, du Petit-Thouars en mentionne d'autres qui n'ont pas été retrouvées depuis lors ou qui sont accompagnées d'indications trop vagues pour qu'il soit possible d'affirmer qu'elles aient été récoltées en Touraine. D'autres, enfin, portent des noms erronés ou tout au moins douteux, mais qui parfois permettent cependant de reconnaître les espèces que ce botaniste a voulu désigner. C'est ainsi que son *Buplevrum ranunculoides,* mentionné sur la rive gauche de la Vienne, est certainement notre *Buplevrum falcatum ;* de même, son *Cistus marifolius,* son *Arenaria juniperina* et la variété de *Veronica Teucrium,* qu'il signale « sur les pics stériles qui environnent Chinon » doivent être respectivement l'*Helianthemum canum,* l'*Alsine setacea,* le *Veronica prostrata.*

Le résultat des herborisations de du Petit-Thouars aux environs de Chinon est donc fort remarquable pour l'époque, puisqu'il nous fait connaître une bonne partie des plantes les plus rares qui croissent encore actuellement dans cette riche localité. Cependant les rédacteurs de la Flore d'Indre-et-Loire, publiée en 1833, n'en ont pas tenu compte.

Le baron BACOT DE ROMAND

Né à Paris le 9 octobre 1782, Claude-René Bacot fut successivement, sous la Restauration, préfet des départements de Loir-et-Cher, d'Indre-et-Loire et de Vaucluse, député d'Indre-et-Loire à diverses reprises et enfin conseiller d'Etat et directeur général des contributions indirectes. Il avait été créé baron par lettres patentes du 16 mai 1816, et autorisé à porter le nom de Bacot de Romand par ordonnance royale du 4 juillet 1821.

En 1830, il se retira de la vie publique et vécut, dès lors, dans ses propriétés, s'occupant surtout d'agriculture.

Il était depuis longtemps officier de la Légion d'honneur, lorsqu'il mourut à Vernou le 29 mars 1853.

Le baron Bacot de Romand s'était toujours intéressé à la botanique. Indépendamment de son herbier, il possédait celui de Baillot.

Après sa mort, ses héritiers déposèrent ces collections au Musée de Tours, où elles se trouvent encore aujourd'hui. Elles se composent d'une trentaine de cartons in-folio, contenant des plantes récoltées par divers botanistes, mais dont les étiquettes ne portent pour la plupart ni le nom de celui qui les a recueillies, ni le lieu, ni la date de la récolte. On y voit cependant des plantes récoltées au Lautaret en 1779, au Jardin des Plantes de Paris et à celui de l'Ecole de Médecine de cette ville, en l'an VII, aux environs de Tours. de Nevers, etc.

BAILLOT

Fils de Pierre-Michel Baillot-Duqueroise et de Rosalie de Léonard de Fraisange, Antoine-Martial Baillot-Duqueroise naquit à Limoges le 23 février 1764.

Dès le début de la Révolution, il était professeur de sixième au collège de Tours, réorganisé après le départ des Oratoriens ; plus tard, il enseigna les langues anciennes à l'École centrale du département d'Indre et-Loire, puis les humanités au collège, lors de la réouverture de cet établissement, en l'an XII, et il occupait encore cette situation lorsqu'il mourut, le 26 août 1811.

Baillot est un des rares botanistes qui aient herborisé en Touraine à la fin du xviiie siècle et au début du xixe, On lui doit la découverte de quelques espèces intéressantes, notamment de l'*Arabis Turrita*, de l'*Isnardia palustris* et du *Xeran-*

themum cylindraceum, que Dujardin signala, d'après ses indications, dans la Flore de 1833.

Son herbier avait été conservé après sa mort par M. Bacot de Romand, qui s'occupait lui-même de botanique et qui le communiqua, en 1833, à la Commission chargée de rédiger la Flore d'Indre-et-Loire. Il fait partie des collections déposées au Musée de Tours par la famille Bacot.

Toussaint BASTARD

Bastard, bien connu par ses travaux sur la flore de Maine-et-Loire, naquit à Chalonnes-sur-Loire, en Anjou, le 2 février 1784. Son père, qui était chirurgien et en même temps botaniste, lui inspira de bonne heure le goût de la médecine et l'amour des plantes.

Entré comme interne à l'Hôtel-Dieu d'Angers, il suivit avec assiduité le cours de botanique que professait alors Merlet de la Boulaye, et se livra avec tant de zèle et d'intelligence à l'étude et à la récolte des plantes, que ce fut chez lui que de Candolle trouva, lors de son voyage à Angers, en 1806, la collection locale la mieux comprise et la plus utile à consulter.

A la fin de cette même année, Merlet abandonnait la direction du Jardin des Plantes et, sur sa recommandation, Bastard était désigné pour lui succéder.

Le nouveau directeur entra en fonctions le 1er janvier 1807. Il donna aussitôt tous ses soins à son cours, qui eut de nombreux auditeurs, et à son jardin, qu'il transforma complètement. En même temps, il faisait dans le département de nombreuses herborisations qui lui permettaient de publier, dès 1809, son *Essai sur la Flore de Maine-et-Loire* (1), suivi trois ans après d'un *Supplément* (2).

---

(1) *Essai sur la Flore du département de Maine-et-Loire*, par M. T. Bastard, professeur de botanique et directeur du Jardin des Plantes d'Angers ; Angers, 1809. — Un vol. in-12 de xxvIII (les 2 dernières non chiffrées) et 415 pages, plus 2 feuillets pour le titre et le faux titre.

(2) *Supplément à l'Essai sur la Flore de Maine-et-Loire*, par M. Bastard... ; Angers, 1812. — Un vol. in-12 de xII et 58 pages.

Révoqué en 1816, à cause de ses opinions politiques, Bastard se rendit à Paris pour y terminer ses études médicales, interrompues depuis dix ans. L'accueil sympathique qu'il reçut des savants de la capitale fut pour lui une consolation, mais il avait hâte d'en finir et, dès l'année suivante, il prenait le diplôme de docteur.

Il vint alors s'établir à Chalonnes où, pendant plusieurs années, il partagea son temps entre l'exercice de son art et l'étude des sciences naturelles. Mais les exigences de sa profession le détournèrent peu à peu de la botanique, qu'il finit même par abandonner complètement. Vers la fin de sa vie, cependant, en 1842, il reprit ses études favorites, herborisa avec plus d'ardeur que jamais et forma un nouvel herbier, auquel il ne cessa de donner ses soins jusqu'à sa mort (27 juin 1846).

L'Anjou lui doit de nombreuses et intéressantes découvertes et, bien qu'il n'ait jamais habité la Touraine, son nom doit figurer parmi ceux des botanistes qui ont contribué à en faire connaître la flore.

D'après une lettre qu'il écrivait à Boreau, en 1845, et dont ce dernier m'a communiqué autrefois les passages essentiels, les premières herborisations de Bastard en Indre-et-Loire dateraient de 1806 ou 1807. Il s'y arrêta également au printemps de 1811, en allant en Auvergne. Cependant, dans son *Supplément à la Flore de Maine-et-Loire*, publié en 1812, il ne cite qu'un petit nombre d'espèces recueillies par lui dans notre département. Ce sont : *Centaurea maculosa* et *Anarrhinum bellidifolium*, rencontrés sur les alluvions anciennes de la Loire; *Cytisus supinus* (sous le nom de *Cytisus capitatus*), trouvé aux environs de Chinon ; *Ornithopus ebracteatus*, recueilli dans le Véron, et *Asclepias syriaca*, naturalisé dans les îles du Cher, près de Saint-Avertin. En même temps (p. 16), il rectifie une indication donnée par les auteurs de la *Flore française*, Lamarck et de Candolle, qui, induits en erreur par un correspondant, avaient signalé à Tours le *Serapias Lingua*, tandis qu'il s'agissait en réalité, d'après Bastard, de l'*Epipactis microphylla* (1).

____

(1) Cette erreur, rectifiée ainsi par Bastard dès 1812, a cependant été reproduite dans la *Flore d'Indre-et-Loire*, en 1833. — Le *Serapias* a, depuis cette

Mais, s'il ne mentionne qu'un petit nombre de plantes récoltées par lui en Touraine, ce botaniste indique toute une série d'espèces intéressantes qu'on lui avait signalées comme croissant à Chinon. « Les environs de cette petite ville, dit-il (p. X), ont été explorés avec soin par MM. Linacier père et fils ; ils y ont trouvé l'*Ornithogalum nutans*, l'*Androsace villosa*, le *Salvia Æthiopis*, le *Mentha cervina*, le *Digitalis Thapsi*, l'*Anemone silvestris*, le *Ranunculus falcatus*, l'*Erodium moschatum* et le *Primula farinosa*. » Ces plantes sont presque toutes si remarquables et leur présence simultanée dans cette localité eût constitué un fait si extraordinaire, que l'on devrait s'étonner qu'un auteur aussi judicieux que Bastard les ait citées ainsi de confiance, si l'on ne savait combien les notions de géographie botanique étaient alors encore obscures (1).

On est toutefois surpris que ce botaniste, qui mentionne sans les avoir contrôlées les prétendues découvertes des docteurs Linacier, ait passé sous silence les indications fournies par du Petit-Thouars, à la fin du xviiie siècle, et dont la publication alors récente n'avait cependant pu lui échapper.

Ce qui est plus surprenant encore, c'est qu'à l'époque où il signalait ces plantes, Bastard devait déjà douter de leur présence à Chinon. Invité, en effet, par ses correspondants chinonais à venir examiner leurs découvertes, il avait répondu avec empressement à cette invitation, mais n'avait trouvé dans leur herbier aucune des raretés qu'il s'attendait à y voir. Ces faits se passaient avant la mort du Dr Linacier père, c'est-à-dire avant le 14 juin 1810 et, par conséquent, longtemps avant la publication du *Supplément à la Flore de Maine-et-Loire* (2).

époque, été retrouvé ailleurs dans le département. — La *Flore française* de 1803 signalait également en Touraine le *Scirpus ovatus* (d'après du Petit Thouars) et l'*Arenaria montana*.

(1) Boreau, *Une Excursion botanique aux environs de Chinon* (Bull. de la Soc. industrielle d'Angers, xxve année, 1884 ; tirage à part, in-8° de 8 pages).

(2) C'est du moins ce qui paraît résulter de la lettre, déjà citée, que Bastard écrivait à Boreau le 20 décembre 1845, et dont ce dernier m'a donné autrefois un extrait. D'après cette lettre, le voyage de Bastard à Chinon se serait effectué en 1806 ou 1807, sur l'invitation des docteurs Linacier, qui lui avaient signalé, indépendamment des espèces nommées plus haut : *Thalictrum fœtidum, Car-*

Bastard regretta sans doute amèrement d'avoir si facile-
ment ajouté foi aux indications fournies par les médecins
chinonais et il répara plus tard cette faute en explorant lui-
même le pays. Ses recherches, effectuées au cours des années 1812 et 1813, furent très fructueuses, mais ne lui don-
nèrent aucune des espèces qu'on lui avait primitivement
signalées. Parmi les plantes qu'il dit avoir recueillies aux
environs de Chinon, je citerai : *Anemone Pulsatilla, Hutchinsia
petræa, Alyssum montanum, Silene Otites, Arenaria montana,
Alsine setacea, Hypericum montanum, Orobus niger, Sedum anopetalum, Trinia vulgaris, Peucedanum Oreoselinum, Laserpitium
asperum, Crucianella angustifolia, Valerianella hamata, Xanthium
Strumarium, Micropus erectus, Echinospermum Lappula, Lithos-
permum purpureo-cœruleum, Veronica prostrata, V. canescens,
Teucrium montanum, Euphorbia Gerardiana, Simethis bicolor,
Gladiolus illyricus* (G. *parviflorus* Bast.), *Orchis pyramidalis,
O. hybrida* Bor. fl. cent. 3º éd. *(O. variegata* Bast.*), O. galeata,
O. odoratissima, Cephalanthera rubra, C. grandiflora, Limodorum
abortivum, Carex nitida*, plantes qui, presque toutes, ont été
retrouvées depuis lors.

Bastard avait donc récolté à Chinon la plupart des raretés
signalées précédemment par du Petit-Thouars, et ses recherches avaient enrichi la flore du pays d'un grand nombre
d'espèces intéressantes.

Les découvertes de ce botaniste furent, comme celles de
du Petit-Thouars, inconnues des membres de la Commission
de rédaction de la Flore d'Indre-et-Loire. Elles demeurèrent,
pour la plupart, ignorées dans son herbier et ses notes ma-
nuscrites jusqu'à ce que Boreau, les tirant de l'oubli, les si-

---

damine trifolia et *Eryngium planum*. Bastard, qu'accompagnait le docteur
Caffin, de Saumur, fut reçu par le docteur Linacier fils, qui lui montra « un
paquet de 40 ou 50 plantes extrêmement mal séchées et où ne se trouvait aucune des espèces annoncées, à l'exception du *Cardamine trifolia*, qui n'était
qu'une forme rabougrie du *C. hirsuta*. » Bastard, ayant fait observer qu'il ne
voyait pas les plantes dont on lui avait parlé, le docteur Linacier répondit
« qu'elles n'avaient pas été toutes séchées et qu'il s'en était beaucoup perdu
dans un déménagement. » Le botaniste angevin priant alors son interlocuteur
de lui indiquer les localités où croissaient les espèces rares dont on lui avait
signalé la présence, celui-ci lui dit que son père seul les connaissait et qu'il
était absent pour plusieurs jours.

gnalât en 1854 dans le compte rendu de l'herborisation qu'il fit alors aux environs de Chinon, et en 1857 dans la troisième édition de sa *Flore du Centre* (1).

Bastard avait également visité plusieurs autres parties de notre département et, parmi les plantes qu'il y avait recueillies, on peut mentionner l'*Aconitum Napellus*, l'*Erica vagans* et l'*Eriophorum gracile* que Boreau indique d'après lui à Château-la Vallière.

Les herbiers de Bastard, malheureusement incomplets aujourd'hui, sont conservés dans les collections du Jardin des plantes d'Angers, où il me fut donné de les compulser autrefois en compagnie de Boreau qui professait une haute estime pour la droiture du caractère et la probité scientifique de cet éminent botaniste.

Le Dr BLANCHET

Fils d'un chirurgien de Cour-Cheverny (Loir-et-Cher), le Dr Marcel Blanchet naquit dans cette localité le 28 avril 1815 (2).

Il s'occupait déjà de botanique lorsqu'il vint à Tours, en 1834, pour y étudier la médecine. Dès le lendemain de son arrivée, il fit la connaissance de Delaunay et, pendant 25 ans (1834-1858), ces deux naturalistes vécurent dans la plus grande intimité, se voyant journellement et herborisant presque toujours ensemble.

(1) De Candolle avait cependant, dès 1815, mentionné dans le Supplément à la *Flore française*, quelques-unes des découvertes de Bastard ; et Guépin, dans la seconde édition de sa *Flore de Maine-et-Loire*, y avait ajouté deux des espèces dont l'existence, du reste douteuse, avait été signalée à Chinon par les docteurs Linacier : *Anemone silvestris* et *Ranunculus falcatus*, ainsi que l'*Astragalus monspessulanus* et l'*Anarrhinum bellidifolium*, qu'il donnait comme croissant dans la même localité.

(2) Il ne faut pas le confondre avec le Dr Marcellin Blanchet, son cousin germain, qui était également botaniste. Ce dernier, né en 1799 à Chaumont-sur-Tharonne (Loir-et-Cher), exerça d'abord la médecine à Blois, où il fut médecin de l'Hôtel-Dieu, puis il professa l'histoire naturelle au Prytanée de Ménars. Il herborisa beaucoup en Loir-et-Cher, mais peu en Indre-et-Loire, où cependant il signala, à Montlouis, le *Trigus racemosus*. Il mourut le 27 février 1858.

En 1847, ils rédigèrent en commun un catalogue des plantes
d'Indre-et-Loire, destiné à être communiqué au Congrès scientifique qui tenait alors ses assises à Tours et dont ils étaient
secrétaires. Ils complétèrent plus tard ce travail en y consi-
gnant le résultat de leurs recherches ultérieures.

Cependant, à partir de 1858, leurs relations se refroidissent.
Ils herborisent séparément, mais se voient encore de temps
en temps à l'usine de Portillon dont Blanchet est le médecin
et Delaunay le directeur; et ce dernier, qui a conservé le
manuscrit, y ajoute les indications que lui fournit son ancien
ami, en même temps que ses propres découvertes.

C'est à l'aide de ce manuscrit que la Société tourangelle
d'horticulture a publié, en 1873, sous le nom de Delaunay,
un *Catalogue des Plantes d'Indre-et Loire* qui, en réalité, aurait
dû porter le nom de ces deux botanistes.

Reçu d'abord officier de santé (1839), puis docteur (1854),
Blanchet exerçait la médecine à Tours depuis plus de vingt
ans lorsqu'il quitta cette ville, en 1862, pour aller fonder à
Dax (Landes) un établissement thermal aujourd'hui florissant.
Il se retira ensuite (1872) à Guéthary, petite commune du
canton de Saint-Jean-de-Luz (Basses-Pyrénées), puis (1877) à
Bayonne, où il publia un *Catalogue des Plantes vasculaires du
Sud-Ouest de la France* (1). Enfin, au déclin de sa vie (1892), il
abandonna Bayonne pour suivre son fils à Galan (Hautes-
Pyrénées), et, deux ans après, à Agen, où il mourut le
8 octobre 1899.

Comme je l'ai dit, le Dr Blanchet a beaucoup herborisé en
Touraine, soit seul, soit en compagnie de Delaunay et de
quelques autres botanistes, et il a ainsi largement contribué
à réunir les matériaux à l'aide desquels a été publié, en
1873, le *Catalogue des Plantes d'Indre-et-Loire*. Lors de la rédaction, en 1847, du manuscrit qui devait plus tard servir de
base à cette publication, les deux amis n'avaient consigné

---

(1) *Catalogue des Plantes vasculaires du Sud-Ouest de la France*, comprenant le département des Landes et celui des Basses Pyrénées..... par le docteur
Blanchet..... l'un des fondateurs et ancien membre de la Commission du Jardin
botanique de Tours, auteur et collaborateur, avec Jules Delaunay, du *Catalogue des Plantes d'Indre-et-Loire*.....Bayonne, 1891. In-8° de xviii et 172 pages.

dans leur travail aucune mention permettant de reconnaître si les plantes avaient été découvertes par l'un d'eux plutôt que par l'autre : ils avaient voulu faire une œuvre commune. Delaunay, en le complétant plus tard, avait agi de même. Il est donc certain qu'un grand nombre des indications données par cet ouvrage proviennent des recherches faites en commun par ces deux botanistes ou même des recherches personnelles de Blanchet. Mais il est impossible de dire ce qui revient à chacun.

J'ai su, cependant, par le Dr Blanchet, qu'il avait découvert lui-même, en l'absence de Delaunay, l'*Adiantum Capillus-Veneris* dans des puits de la varenne de Sainte-Anne et de la rue de l'Hospitalité, à Tours; l'*Oxalis corniculata* et le *Stellaria viscida*, à Tours; le *Rumex maritimus* et le *Paris quadrifolia*, à Semblançay, et sans doute beaucoup d'autres d'espèces intéressantes dont le nom m'échappe en ce moment ou qu'il a négligé de me signaler.

Le Dr Blanchet était en relation avec un grand nombre de botanistes distingués. Par ses échanges, par sa collaboration à divers *exsiccata*, par les indications qu'il fournit à Boreau lors de la publication des deux dernières éditions de la *Flore du Centre*, enfin par la part qu'il prit à la rédaction du manuscrit de 1847, il contribua puissamment à faire connaître la végétation du département. Son nom doit donc, à juste titre, figurer parmi ceux des botanistes qui ont le mieux mérité de la flore d'Indre-et-Loire.

Alexandre BOREAU

Comme du Petit-Thouars et Bastard, Boreau appartient à l'Anjou. Né à Saumur, le 15 mars 1803, il étudiait la pharmacie à Angers (1823-24) lorsqu'il commença à herboriser sous la direction de Desvaux. Après un séjour de quelques mois à Nantes (août-novembre 1824), il se rendit à Paris (décembre 1824) où il suivit pendant plusieurs années (1825-1827) les herborisations d'Adrien de Jussieu et de Clarion. Fixé ensuite à Nevers, comme pharmacien (1828-38), il étudia avec ardeur la flore de la Nièvre et celle des départements voisins, et réunit ainsi les matériaux à l'aide desquels il publia, en 1840, la première édition de sa *Flore du Centre*, qu'il avait fait précéder, en 1835, d'un catalogue des plantes de cette région.

Cependant il avait été appelé, à la fin de 1838, à diriger le jardin botanique d'Angers. Cette situation, plus conforme à ses goûts, lui permettait de consacrer tout son temps à ses études favorites et le mettait en relation avec un grand nombre de savants. Ses travaux sur la flore du Centre l'avaient, du reste, fait connaître avantageusement des botanistes de cette région, qui ne cessaient d'entretenir des correspondances avec lui et de le mettre au courant de leurs découvertes. Il put ainsi donner, en 1849 et en 1857, deux nouvelles éditions de sa *Flore*, qui embrassait désormais tout le bassin de la Loire. Enfin, les nombreuses herborisations qu'il faisait chaque année en Maine-et-Loire lui permirent de publier, en 1860, un *Catalogue raisonné* des plantes de ce département.

Indépendamment de ces travaux de longue haleine, on doit à Boreau un grand nombre de publications moins importantes, notamment des observations sur des plantes nouvelles ou peu connues, la révision de plusieurs genres composés d'espèces affines, le compte-rendu de ses principales herborisations, des recherches historiques sur les établissements et les sociétés scientifiques d'Angers, etc.

Lorsqu'il mourut, le 5 juillet 1875, ce botaniste s'était depuis longtemps acquis une grande autorité dans la science. Il était membre de plusieurs sociétés savantes et il professait la botanique à l'Ecole supérieure des sciences et des lettres. L'état de sa santé l'avait empêché, à son grand regret, d'assister à la session que la Société botanique de France avait tenue à Angers le mois précédent, et dont il eût été appelé à diriger les travaux, comme président.

Boreau n'était pas seulement un savant, c'était un lettré. Sa conversation était pleine de charme, sa parole facile, son style élégant. Malgré l'aridité des sujets qu'il avait à traiter, il savait captiver l'attention des auditeurs qui assistaient à ses cours et intéresser les amateurs et les savants qui prenaient connaissance de ses publications.

Personne n'a plus aimé les plantes que cet éminent botaniste et n'a plus que lui contribué à en répandre le goût en Anjou et dans les provinces voisines. Il n'était jamais si heureux que lorsqu'il parvenait à former de nouveaux élèves. Aussi, mettait-il tout en œuvre pour stimuler le zèle des jeunes étudiants et leur faciliter la détermination des espèces qu'ils rencontraient : il leur prodiguait ses conseils et ses encouragements; leur donnait, comme termes de comparaison, des échantillons étiquetés de sa main; leur témoignait enfin tant d'intérêt, de sympathie et d'affection qu'il amenait parfois à se passionner pour cette science ceux qui l'étudiaient d'abord avec le plus d'indifférence.

C'est en 1838 que Boreau visita pour la première fois la Touraine. Je ne puis dire quelles parties du département il parcourut alors et quels furent les résultats de ses investigations. Je sais seulement qu'il recueillit à Tours, en compagnie de M. Blanchet, le *Verbascum nigrum*.

Il revint ensuite, à diverses reprises, herboriser en Indre-et-Loire, mais l'excursion la plus fructueuse qu'il y fit, date de 1854.

Il avait trouvé mentionnées, dans les notes de Bastard, un grand nombre de plantes intéressantes que ce botaniste disait avoir rencontrées aux environs de Chinon. Depuis longtemps il désirait vérifier l'exactitude de ces indications, lorsque, le 4 juin 1854, il se décida à mettre ce projet à exécution. Il était accompagné du comte de Solms-Laubach, d'un amateur angevin, M. Ledantec, et de l'abbé Coqueray, alors vicaire à Bourgueil.

La saison était favorable; aussi les récoltes furent-elles des plus abondantes. Boreau et ses compagnons d'herborisation purent, en effet, recueillir la plupart des raretés signalées antérieurement par du Petit-Thouars et Bastard, notamment *Eruca sativa, Alyssum montanum, Hutchinsia petræa, Helianthemum canum, Arenaria triflora, Alsine setacea, Sedum anopetalum, Trinia vulgaris, Laserpitium asperum, Orchis pyramidalis, Cephalanthera rubra, Carex nitida*, etc. A cette moisson, déjà si riche, vinrent même s'ajouter quelques espèces nouvelles, parmi lesquelles le rare *Biscutella lævigata*.

Boreau rentra à Angers émerveillé de ce qu'il avait vu et se promettant bien de visiter à nouveau cette riche localité, qui lui avait fourni, comme il l'a dit lui-même, une association de plantes telle qu'il n'en avait point rencontré jusqu'alors (1).

Ses occupations l'empêchèrent pendant longtemps de réaliser ce projet. Enfin, le 18 juin 1872, il partit d'Angers avec quelques amis et visita les coteaux situés à Beaumont-en-Véron, entre le Perou et le moulin de Beaupuy. Je ne pus être prévenu à temps de cette excursion, décidée au moment même du départ. Je le regrettai d'autant plus que, dans cette journée, les botanistes angevins foulèrent aux pieds des plantes dont la floraison était alors terminée et qui se dérobèrent à leurs recherches, notamment le *Ranunculus gramineus* et le *Carex humilis*.

Ce fut la dernière fois que ce savant visita la Touraine. Plusieurs projets, formés dans la suite, ne purent aboutir.

Si Boreau n'a fait dans notre département, ni de fréquentes herborisations, ni de nombreuses découvertes, il n'en est pas moins vrai, qu'en raison de ses publications sur la flore du pays et de ses relations avec les botanistes de la région, il doit être compté parmi les naturalistes qui ont le plus contribué aux progrès de la botanique en Touraine. C'est lui, en effet, qui, dans sa *Flore du Centre de la France et du bassin de la Loire*, a signalé le premier les plantes découvertes en Indre-et-Loire depuis l'impression de la Flore de 1833. C'est lui aussi qui, en faisant connaître les résultats des herborisations de du Petit-Thouars et de Bastard, a appelé l'attention sur les localités si riches et si souvent explorées depuis, des environs de Chinon. En encourageant enfin les recherches des botanistes du département, il a puissamment contribué à stimuler leur zèle et, par cela même, à leur faire découvrir les raretés qui avaient échappé aux investigations de leurs devanciers.

Il me fut donné d'apprécier moi-même l'intérêt que Boreau

____

(1) A. Boreau, *Une Excursion botanique aux environs de Chinon* (Bull. de la Soc. industrielle d'Angers, xxv° année 1854; tirage à part, in-8° de 8 pages).

portait à la flore de notre région et les encouragements de
toute sorte qu'il prodiguait à ceux qui, ayant pris à tâche d'explorer ce pays, lui faisaient part du résultat de leurs recherches
et avaient recours à ses lumières et à son expérience. Aussi
suis-je heureux de pouvoir payer ici un juste tribut d'estime
et de reconnaissance à la mémoire de cet éminent botaniste
qui fut toujours pour moi un guide aussi bienveillant
qu'éclairé.

Le Dr BRETONNEAU

Né le 3 avril 1778, à Saint-Georges-sur-Cher (Loir-et-Cher),
qui dépendait alors de la province de Touraine, Pierre-Fidèle
Bretonneau appartenait à une famille dont la plupart des
membres avaient, depuis deux siècles, exercé l'art de guérir.
Plusieurs de ses ancêtres avaient même laissé la réputation de
médecins distingués.

Bretonneau embrassa lui même la carrière médicale, et il
était sur le point d'obtenir le diplôme de docteur, lorsqu'il
échoua, à l'un de ses examens, sur une question de botanique.
Dépourvu d'ambition et piqué au vif par cet échec sans doute
immérité, il renonça aussitôt au doctorat, prit le titre d'officier de santé et vint, près du bourg qui l'avait vu naître,
au village de Chenonceaux, mettre ses connaissances et son
dévouement au service de ses compatriotes.

C'est sur ce théâtre modeste que cet habile praticien exerça
la médecine pendant près de quinze ans, jusqu'à ce que,
cédant à de pressantes sollicitations, il consentit à compléter
ses études et à prendre le titre de docteur.

Revenu au milieu de ses chers malades, il n'y resta que
quelques mois. Le préfet, qui, en maintes circonstances,
avait été à même d'apprécier son talent et son génie, le décida en effet à accepter le poste de médecin en chef de
l'hôpital de Tours.

Bretonneau se montra aussitôt à la hauteur de l'éminente
situation qui lui était faite. Bientôt même, la précision et
l'originalité de son enseignement, ses travaux remarquables,

son génie incomparable l'élevèrent au rang des plus grands maîtres. Sa réputation devint universelle et il eut la gloire de former des disciples qui devaient eux-mêmes avoir leur place marquée parmi les princes de la science.

Après avoir été pendant près de vingt-cinq ans à la tête de l'hôpital de Tours, il résigna ses fonctions et se retira à Saint-Cyr, dans sa propriété de Palluau, puis à Passy où il mourut le 3 février 1862.

Le docteur Bretonneau avait toujours passionnément aimé les plantes. Dès son enfance, il montrait un goût très prononcé pour les sciences naturelles et en particulier pour la botanique. Plus tard, alors qu'il exerçait la médecine sur les rives du Cher, la flore de la région n'avait pas de secrets pour lui. Il s'intéressait également aux végétaux exotiques rares ou curieux, et c'est en s'inspirant de ses conseils que les châtelains de Chenonceaux avaient doté des plantes les plus précieuses les serres, les jardins et le parc de leur incomparable demeure. C'est à cette époque aussi qu'il composa son *Essai sur la greffe de l'herbe, des plantes et des arbres*, dont le manuscrit, resté inédit, a été déposé autrefois par le comte Odart à la bibliothèque municipale de Tours.

Lorsque Bretonneau eut fixé sa résidence au chef-lieu du département, la campagne et les magnifiques jardins de Chenonceaux lui manquèrent. Il y suppléa en se rendant acquéreur de la propriété de Palluau, située sur le plateau de Saint-Cyr et qu'il transforma en un véritable jardin botanique. Les plantes exotiques les plus rares, les plus curieuses ou les plus utiles s'y rencontrèrent bientôt en compagnie des espèces indigènes que recommandaient leurs propriétés, la beauté de leurs fleurs ou de leur feuillage, ou enfin quelque particularité de leur organisation. Il les cultivait de ses mains et se plaisait à aller chercher lui-même à la campagne celles qu'il jugeait dignes de figurer dans son jardin. C'est à Palluau qu'il passait tous les moments de loisir que lui laissaient ses fonctions, et il habita complètement cette ravissante propriété lorsqu'il eut pris sa retraite.

Les étudiants étaient toujours les bienvenus lorsqu'ils allaient visiter ses jardins. Il leur en faisait lui-même les honneurs et leur montrait ce qui pouvait les intéresser. Il leur apprenait à connaître les plantes et cherchait à leur inculquer le goût de la botanique. Il fit ainsi plusieurs élèves. L'un d'eux, le Dr Frédéric Leclerc devait plus tard se spécialiser dans cette science et nous transmettre dans son herbier un assez grand nombre d'espèces que lui avait données son illustre maître.

Lors de la publication de la Flore d'Indre-et-Loire, parue en 1833, Bretonneau fournit de précieux renseignements à la Commission chargée de rédiger ce travail. Son nom est cité à propos du *Geranium sanguineum* qu'il avait découvert dans la forêt de Chinon, et du *Clandestina rectiflora* qu'il avait trouvé à Chenonceaux ; mais il dut sans doute donner d'autres indications aux rédacteurs de cet ouvrage, qui le plus souvent n'ont pas fait connaître l'origine des documents dont ils ont fait usage. La flore du département lui était en effet familière, et son nom doit être inscrit en lettres d'or sur la liste des botanistes tourangeaux.

Le Dr CAFFIN

Caffin (Jacques-François), né à Saumur le 10 février 1778, commença ses études médicales à Angers et les termina à Paris en 1805. Il revint alors à Saumur, où, tout en exerçant la médecine, il s'occupa beaucoup de botanique. Il projetait même de publier une Flore de Maine-et-Loire quand parut celle de Bastard. Son zèle pour cette science s'en trouva refroidi, mais il continua néanmoins de la cultiver, herborisant non seulement en Anjou, mais aussi dans les provinces voisines.

Il vint à Chinon avec Bastard et visita également les environs de Tours, où il signala quelques plantes intéressantes, notamment, à Fondettes, l'*Orobanche Eryngii* et le *Cystopteris fragilis*.

Il fut en relations avec tous les botanistes de la région, et il fournit à Guépin de précieux renseignements lorsque celui-ci publia, en 1830, sa *Flore de Maine-et-Loire*.

Il mourut le 6 octobre 1854, à Saint-Lambert-des-Levées, où il s'était retiré.

Le Dr Caffin a laissé, entre autres ouvrages, une *Exposition méthodique du règne végétal*, précédée d'un mémoire sur les fruits et d'un tableau systématique de tous les êtres organisés (Paris, 1822).

L'abbé CHABOISSEAU

Originaire de Pindray (Vienne), où il naquit le 8 avril 1828, l'abbé Théodore Chaboisseau herborisa d'abord dans son département natal, puis dans l'Indre aux environs de la petite ville de Bélabre, qu'il habita pendant plusieurs années. En 1868, il se fixa à Paris où il resta quinze ans, tout en allant passer, pendant les dix dernières années au moins, une partie de la belle saison dans l'Isère. Enfin, en 1883, il partit pour la Grèce, s'établit à Athènes comme professeur de Français et mourut dans cette ville le 15 février 1894.

L'abbé Chaboisseau n'avait cessé pendant tout ce temps de s'occuper de botanique et avait publié divers travaux dans le *Bulletin de la Société botanique de France*, le compte-rendu du *Congrès scientifique* tenu à Bordeaux en 1861, les *Annales du club Alpin*, les *Archives de Flore*, etc.

Lorsqu'il habitait le département de la Vienne, il herborisait quelquefois en Indre-et-Loire, notamment aux environs de Tours, où il signala, à Saint-Symphorien, l'*Avena barbata*.

Nyman lui a dédié, sous le nom d'*Isoetes Chaboissiæ*, une plante qu'il avait découverte dans plusieurs étangs du centre de la France.

Georges CHAMBERT

Né à Tours le 2 janvier 1836, Georges-Emile Chambert embrassa la carrière des armes et fut, à sa sortie de Saint-Cyr, en 1857, nommé sous-lieutenant au 25e de ligne. Dix ans après il démissionna pour se marier et vint alors se fixer dans sa ville natale, où il mourut le 22 avril 1889.

M. Chambert avait commencé, très jeune encore, à s'occuper de botanique, et il herborisait en Touraine, dès 1854,
avant d'entrer à Saint-Cyr. Il continua étant officier, et put
ainsi faire de superbes récoltes aux environs de Perpignan,
de Montlouis, de Rome et de diverses autres villes où son régiment tint successivement garnison. Il explora également la
Suisse, le Lyonnais, les côtes de la Manche, de l'Océan, les
environs de Paris, etc.

Lorsqu'il eut donné sa démission, il se remit à parcourir
les campagnes tourangelles, herborisant seul ou en compagnie de Delaunay, de M. de l'Hôpital et de plusieurs autres
botanistes, et il parvint ainsi à enrichir de ses découvertes la
flore d'Indre-et-Loire.

Je fis avec lui plusieurs excursions aux environs de Tours,
et j'eus le plaisir de le guider moi-même dans les riches loca-
lisés qui avoisinent Chinon.

Cependant sa santé, naturellement délicate, ne tarda pas à
se trouver profondément altérée. Il lui fallut, dès lors, limiter le champ de ses explorations et il dut même, à partir de
1873, suspendre presque complètement ses herborisations. Il
n'en continua pas moins de donner tous ses soins à son herbier, et il laissa en mourant des collections bien classées et
en bon état.

CHARLOT

Fils de Mathieu Charlot et de Catherine Desbordes, Gré-
goire-Alexandre Charlot naquit à Amboise, le 24 décembre
1797. Il étudia d'abord la médecine vétérinaire, puis se fit
recevoir pharmacien (1828) et exerça simultanément les deux
professions à Saint-Aignan.

Cependant il resta toujours attaché au département qui
l'avait vu naître, et dès 1831 il était membre correspondant
de la Société d'agriculture d'Indre-et-Loire. Plus tard, lorsqu'il eut fixé son domicile à Tours, vers 1845, il devint associé
libre, puis membre titulaire de cette compagnie. Il faisait
également partie de la Société médicale d'Indre-et-Loire et

de la Société archéologique de Touraine, dont il fut bibliothé-
caire-archiviste pendant plus de 7 ans (novembre 1854-janvier
1862).

Charlot fit de nombreuses communications à ces diverses
Sociétés et, en 1836, il présenta au Congrès scientifique de
Blois une *Notice sur le Canton de Saint-Aignan*, rédigée avec la
collaboration de M. Alonzo Péan, et dans laquelle se trouvent
quelques indications relatives à la flore locale.

Il herborisa également en Touraine, où il signala à Boreau
le *Centaurea myacantha* et sans doute quelques autres espèces.
L'herbier Derouet contient un certain nombre de plantes
récoltées par lui en Sologne.

Lors de la réorganisation du Jardin botanique de Tours,
ce fut en qualité de botaniste que l'administration le dési-
gna pour faire partie de la Commission scientifique de cet
établissement.

Charlot mourut à Tours le 25 mai 1870, laissant la réputation d'un travailleur et d'un érudit.

Il avait un neveu, portant son nom, qui s'occupait aussi
de botanique.

CHASTAINGT

Né à Limoges, le 11 décembre 1831, Gabriel Chastaingt
habita successivement, comme conducteur des Ponts et
Chaussées, l'Indre, l'Aveyron et l'Indre-et-Loire.

Il se livra de bonne heure à l'étude de la botanique, et
dès 1849 il herborisait dans son pays natal. Plus tard, il explora dans l'Indre les environs de la Châtre (1857-1873),
dans l'Aveyron ceux d'Aubin (1873-1877), et en Indre-et-
Loire plusieurs des cantons de l'arrondissement de Tours
(1877-1892).

Lors de la Constitution, en 1885, d'une *Société botanique
d'Indre-et-Loire*, dont l'existence fut du reste éphémère, il en
avait été nommé vice-président.

Pendant son séjour dans le chef-lieu de notre département,
Chastaingt publia dans le *Bulletin de la Société académique de*

Maine-et-Loire et dans le *Bulletin de la Société botanique de France*, le résultat de ses recherches dans l'Indre (1) et l'Aveyron (2), et il avait déjà fait connaître une partie de celles qu'il avait entreprises en Indre-et-Loire, où il s'était spécialisé dans l'étude des Roses, lorsque la mort le surprit au milieu de ses travaux, le 31 mars 1892. Il venait de prendre sa retraite.

Chastaingt était un botaniste très consciencieux. Il relevait avec un soin extrême tous les caractères des rosiers qu'il rencontrait et soumettait ensuite le résultat de ses études au contrôle des spécialistes les plus autorisés. C'est ainsi que Déséglise, Crépin, M. Ozanon et plusieurs autres rhodographes distingués lui ont prêté leur concours pour la détermination de ces plantes difficiles.

Tout en s'occupant spécialement du genre *Rosa*, il recueillait à l'occasion toutes les espèces intéressantes qui lui tombaient sous la main. C'est ainsi qu'il signala le premier, en 1880, la présence de l'*Helodea canadensis* dans le département.

Ses études sur la flore rhodologique d'Indre-et-Loire ont été consignées dans le *Bulletin de la Société botanique de France* (1888 et 1890) et dans les *Mémoires de l'Académie des sciences et belles-lettres d'Angers* (1889-1890). Je donnerai la bibliographie de ces travaux dans la liste des publications concernant la flore du département.

Par son testament, Chastaingt avait légué son herbier à la Société botanique de France. Mais l'exécuteur testamentaire n'ayant pas accordé les délais nécessaires pour l'accomplissement des formalités indispensables, ce don ne put être accepté, et l'herbier fut déposé à la Bibliothèque municipale

---

(1) *Catalogue des Plantes vasculaires des environs de La Châtre* (Bull. de la Soc. acad. de M.-et-L., t. XXXVIII; tirage à part, in-8° de 195 pages, Châteauroux, Galliot, 1882); *Quatre espèces et neuf localités de Plantes rares dans l'Indre.....* (Bull. de la Soc. bot. de France, 1887) ; etc.

(2) *Tableau de la Végétation des environs d'Aubin* (Bull. de la Soc bot. de France, 1877) ; *Addition au Tableau de la Végétation des environs d'Aubin* (id. 1878).

de Tours, où il se trouve actuellement. Il est empoisonné et se compose d'une soixantaine de cartons *in-folio* contenant, indépendamment des récoltes de Chastaingt et de ses correspondants, l'*Herbarium normale* de F. Schultz, l'*Herbarium corsicum* de P. Mabille et les *Reliquiæ Mailleanæ*.

LE Dr CHAUMETON [1]

Naturaliste et médecin distingué, Chaumeton est un des savants dont notre province a le droit d'être fière.

Je ne sais s'il herborisa quelquefois en Touraine, mais sa *Flore médicale* lui assigne une des premières places parmi les botanistes Tourangeaux.

Né à Chouzé-sur-Loire le 20 septembre 1775, Pierre-François Chaumeton fut, dès 1793, attaché au corps médical des armées de la République, qu'il suivit à travers l'Europe, et il était médecin en chef d'une division lorsqu'il prit sa retraite à la fin de l'année 1810.

Il avait, étant encore en activité, publié plusieurs mémoires, entre autres un *Essai médical sur les sympathies* (2) et un *Essai d'Entomologie médicale*, ainsi qu'un grand nombre d'articles insérés dans divers recueils périodiques ; mais, à partir de sa mise à la retraite, ses publications furent plus nombreuses encore. C'est alors qu'il composa le plus important de ses travaux, sa *Flore médicale*, éditée de 1814 à 1818, en six volumes in-8°, ornés de 350 planches coloriées. Ce bel ouvrage, qui établit la réputation de notre compatriote comme botaniste, eut quatre éditions successives et est toujours estimé et recherché.

------

(1) J'ai donné, sur la vie et les travaux de ce savant, dans le *Bulletin de la Société française d'Histoire de la Médecine* (t. III, 1894 ; tirage à part, in-8° de 15 pages, Poitiers, 1904), une *Notice* à laquelle je renvoie le lecteur pour de plus amples détails.

(2) Lors de la publication de la *Notice* que j'ai consacrée à ce savant, je n'avais pas encore pu me procurer le tirage à part de ce travail. C'est une brochure in-8° de 37 pages, qui porte cette dédicace : « Aux Mânes de Julie-Claire Roussereau, mon épouse chérie, comme un faible témoignage de mon amour et de mes regrets. (F. Chaumeton). »

Chaumeton mourut à Paris le 10 août 1819, mais ses œuvres lui ont survécu et son nom restera gravé parmi ceux des botanistes les plus distingués qu'ait produits la Touraine.

Le Dr Fernand CHAUVET

Le Dr Fernand Chauvet, décédé à Tours le 10 décembre 1901, était né à Bourgueil le 6 septembre 1841.

Son père, Napoléon-Magloire Chauvet, également docteur en médecine, né le 17 août 1805, à Seyne (Basses-Alpes), et installé comme médecin à Bréhémont dès 1837, s'était marié à Bourgueil en 1840 et était allé, bientôt après, exercer sa profession dans cette ville.

Lorsque l'abbé Coqueray eut été nommé vicaire dans cette localité, il ne tarda pas à faire la connaissance du Dr Chauvet et de son jeune fils, et il ne cessa dans la suite d'entretenir avec eux les plus cordiales relations.

En allant prendre possession de la cure de Nouzilly, en 1856, l'abbé avait laissé son herbier chez Delaunay, où il se trouvait encore en 1872, lors du décès de ce dernier. A cette époque, le Dr N.-M. Chauvet était établi à Tours depuis plus de douze ans. Fernand avait lui-même son diplôme et exerçait la médecine avec son père depuis trois ans déjà. Ce fut donc chez lui que Coqueray fit alors tranférer ses plantes.

Le Dr F. Chauvet, devenu définitivement propriétaire de cet herbier après la disparition de l'abbé, le conserva longtemps. Cependant, quelques années avant sa mort, il s'en dessaisit et le donna au Lycée Descartes.

Ce n'est pas seulement comme ayant été possesseur de l'herbier Coqueray, que le Dr Fernand Chauvet doit figurer ici. Il s'était lui-même occupé de botanique et avait herborisé à Bourgueil, à l'Ile-Bouchard et dans diverses autres localités. Il connaissait bien les plantes et en avait réuni un certain nombre qu'il joignit, m'a dit son fils, à celles de l'abbé Coqueray lorsqu'il donna ces dernières au Lycée.

L'abbé CHIVERT

Jean-Baptiste-François Chivert, né à Cinq-Mars le 2 mai 1830, embrassa l'état ecclésiastique, fut ordonné prêtre le 10 juin 1854 et nommé vicaire à Sainte-Maure où il resta quatre ans. Appelé à la cure d'Ambillou le 25 juillet 1858, il desservit cette paroisse jusqu'au 1er avril 1865, époque à laquelle il dût, pour raisons de santé, se retirer dans sa famille. Nommé curé de Chargé le 20 mai 1867, il occupa cette fonction jusqu'au 30 juin 1885, prit alors sa retraite et alla terminer ses jours dans son pays natal où il mourut le 23 septembre 1900.

L'abbé Chivert, qui avait été l'élève de Coqueray, s'était de bonne heure passionné pour la botanique. Il herborisa d'abord aux environs de Cinq-Mars et de Tours, puis à Sainte-Maure, Ambillou et Chargé, où il fut successivement appelé à remplir son ministère. Dans chacune de ces paroisses, mais surtout à Ambillou et à Chargé, il enrichit son herbier de plantes intéressantes, et, dès les débuts de son séjour dans cette dernière localité, il recueillit plusieurs des espèces rares dont M. Bouvet devait plus tard signaler la présence dans cette région, notamment : *Asperula odorata, Cephalanthera grandiflora, Epipactis atro-rubens*. Mais sa santé délicate lui interdisait les courses trop longues et il dût constamment se borner à explorer les environs immédiats de son domicile.

CLISSON

Né à Parthenay (Deux-Sèvres), le 20 octobre 1820, Léon Clisson herborisa d'abord dans ce département, puis dans celui d'Indre-et-Loire où il remplit, à Bourgueil et à Loches, les fonctions d'instituteur-adjoint, de 1850 à 1853. A la fin de cette dernière année, il alla prendre à Vierzon (Cher) la direction de l'école communale, qu'il conserva jusqu'en 1874. Il prit alors sa retraite et mourut à Bourges le 12 août 1876.

Partout où il passa, il s'occupa de botanique. Ce fut lui qui, au printemps de 1851, découvrit à Port-Boulet le *Milium scabrum* que personne n'avait revu depuis l'époque où du Petit-Thouars avait trouvé pour la première fois cette rarissime graminée aux environs de Thouars. Vers le même temps, il recueillit à Bourgueil l'*Arenaria montana* et plusieurs des espèces que Coqueray y signala plus tard. Enfin, en 1853, il découvrit aux environs de Loches le *Chlora imperfoliata* et le *Digitalis purpurascens* qu'il envoya à Boreau, en lui signalant dans la même région, le *Linaria arvensis*, indiqué déjà par Diard, et quelques autres plantes intéressantes.

L'abbé COQUERAY

Joseph-Marie Coqueray, né à Saint-Martin-le-Beau le 16 mai 1824, fit de brillantes études au petit séminaire de Tours, où il retourna bientôt comme professeur. Nommé vicaire à Bourgueil, en 1850, puis curé de Nouzilly en 1856, il prit sa retraite en 1882 et mourut le 20 août de la même année, dans cette paroisse qu'il avait administrée pendant 26 ans.

Doué d'une intelligence remarquable, il eût pu réussir dans toutes les branches des sciences, des lettres ou des arts, mais ses goûts le portèrent surtout vers les sciences naturelles et il devint un botaniste distingué.

Son tempérament robuste, son activité infatigable, faisaient de lui le type du botaniste herborisant. Aussi parcourut-il presque toutes les parties du département, à une époque où les moyens de communication étaient loin d'être ce qu'ils sont aujourd'hui.

Ayant commencé l'étude de la botanique lorsqu'il enseignait au petit séminaire, il ne tarda pas à faire la connaissance de Delaunay et du Dᴿ Blanchet, et pendant deux ans (1849-1850) il explora sous leur direction les environs de Tours. Plus tard, étant à Bourgueil (1850-1856), il étudia la végétation de ce riche canton, tout en faisant chaque année quelques excursions sur d'autres points du département, notamment à Saint-Martin le-Beau, Amboise, Chinon, Richelieu, Le Grand-Pressigny, etc. Mais, à partir de son installation à Nouzilly, il se détacha peu à peu de la botanique qu'il finit même par abandonner complètement pour s'occuper d'agriculture.

Après la mort de Delaunay (1872), la Société tourangelle d'horticulture, ayant décidé de publier, à l'aide de l'herbier et des notes laissés par ce botaniste, un catalogue des plantes d'Indre-et-Loire, confia la direction de ce travail à l'abbé Coqueray qui coordonna les matériaux et rédigea la préface (1873).

Coqueray a, je l'ai dit, beaucoup herborisé dans le département. Aussi, la flore d'Indre-et-Loire lui est-elle redevable de nombreuses découvertes, parmi lesquelles on peut citer, je crois : *Ranunculus ophioglossifolius*, *Fumaria Wirtgeni*, *Elatine Alsinastrum*, *Vicia cassubica*, *Lathyrus palustris*, *Chrysosplenium oppositifolium*, *Cirsium oleraceum*, *C. hybridum*, *Chaiturus Marrubiastrum*, *Potamogeton coloratus (P. plantagineus)*, *Scirpus pungens (S. Rothii)*, etc. Cependant, parmi les plantes qu'il signala le premier aux environs de Bourgueil, il en est dont la présence lui avait peut-être été indiquée par Georges Gillet ou Léon Clisson qui, vers la même époque, exploraient aussi cette région.

L'abbé Coqueray a laissé deux herbiers qui n'avaient été empoisonnés ni l'un ni l'autre. Le plus important, celui qu'il avait formé avant son départ pour Nouzilly, était resté à Tours chez Delaunay qui s'était chargé de le classer. A la mort de ce dernier, en 1872, cet herbier fut déposé chez le docteur Fernand Chauvet, où je pus le consulter en 1881. Il se composait alors de treize gros paquets in-folio, dont un de doubles, et contenait la plupart des plantes de la flore tourangelle, ainsi qu'un certain nombre d'espèces de diverses provenances, récoltées par l'abbé et ses correspondants, ou publiées par Billot *(Flora Galliæ et Germaniæ exsiccita)*, et par Puel et Maille *(Herbier des Flores locales de France)*. Il était bien classé, mais commençait, dès cette époque, à être ravagé par les insectes.

Coqueray m'avait alors vivement engagé, dans une lettre datée du 3 avril 1881, à prendre possession de cet herbier pour, me disait-il, le sauver de la destruction et utiliser les matériaux qu'il contenait. Mais le docteur m'ayant paru tenir à le conserver, je ne lui parlai pas des intentions de l'abbé ; je me contentai d'examiner les plantes et de prendre quelques notes.

Cependant le Dr Chauvet se décida plus tard à se séparer de cette collection. Il la donna, il y a une douzaine d'années, au lycée Descartes, où elle se trouve aujourd'hui. Elle est en mauvais état, un peu en désordre, et moins importante qu'elle ne l'était autrefois : les paquets sont moins volumineux (1).

Pendant son séjour à Nouzilly, Coqueray avait formé un nouvel herbier, composé surtout de plantes provenant des environs de cette localité, mais que sa famille a détruit après sa mort. Il n'en restait plus rien lorsque je voulus le consulter, en 1883, une année seulement après le décès de l'abbé.

Le Dr COURBON

Né à Tours, le 22 février 1829, Alfred Courbon commença ses études médicales dans cette ville, puis il alla prendre à Brest le titre de médecin de la marine.

C'est en cette qualité qu'il visita successivement la république de La Plata, la Crimée, l'Egypte, le littoral de la mer Rouge, l'Abyssinie, le Mexique, étudiant partout la flore et la faune des contrées qu'il parcourait et formant d'importantes collections d'histoire naturelle, qu'il donna plus tard au Muséum.

L'Académie des sciences inséra alors dans ses *Annales* plusieurs travaux justement appréciés, dans lesquels il exposait

---

(1) Vers 1887, le Dr Chauvet avait, je crois, communiqué cet herbier à M. Richard, en l'autorisant à en extraire pour ses collections ce qui pourrait l'intéresser.

les résultats des observations et des recherches qu'il avait faites au cours de ces voyages.

C'est pendant son séjour dans l'isthme de Suez qu'il recueillit les *Observations topographiques et médicales* qui firent l'objet de sa remarquable thèse pour le doctorat, soutenue à Paris le 15 mars 1861.

Il était médecin de première classe de la marine et chevalier de la Légion d'honneur, et tout donnait à penser qu'il se créerait une haute situation dans la médecine navale et dans la science, lorsqu'il démissionna en 1862 pour venir se fixer à Tours.

Il exerça dès lors la médecine dans cette ville, où il fut bientôt nommé professeur à l'École et chirurgien en chef de l'hôpital. Il n'en continua pas moins de travailler et de publier d'intéressants mémoires. Il prononça aux séances de rentrée, en 1875 et 1879, des discours très remarqués et il fit, en 1888, l'éloge du Dr Giraudet, son ancien maître et son ami.

Atteint par la limite d'âge en 1894, il dut prendre sa retraite, et il était depuis près d'un an chirurgien honoraire de l'hospice général lorsqu'il fut enlevé à l'affection de sa famille et de ses amis (3 février 1895). Le 15 décembre de la même année, M. Grandin prononçait son éloge à la séance solennelle de rentrée de l'École de médecine.

Le docteur Courbon s'est fait, comme botaniste, un nom qui ne périra pas. Brongniart lui a dédié un genre nouveau, le genre *Courbonia*, de la famille des Capparidées, auquel se rattache une plante découverte en Abyssinie par notre éminent compatriote, le *Courbonia decumbens*.

Ses publications sur la flore des contrées lointaines qu'il a visitées, le placent parmi les botanistes tourangeaux les plus distingués. Mais il avait préludé à ces travaux en herborisant dans le département d'Indre-et-Loire. A l'époque où il étudiait la médecine à Tours, il se livrait en effet déjà à l'étude des plantes et il explorait avec succès les environs de la ville, où il découvrit notamment, dans le ruau Sainte-Anne, le *Trigonella ornithopodioides*.

Ludovic CRÉMIÈRE

Ludovic Crémière, né à Rochecorbon le 19 février 1844, était très jeune lorsqu'il commença à s'occuper de botanique. Il herborisa d'abord aux environs de Tours, sous la direction de son cousin Georges Chambert, et dès 1861 il récoltait en Indre-et-Loire quelques plantes destinées aux *exsiccata* de MM. Puel et Maille. Plus tard, il visita les environs de Paris, la Belgique, le midi de la France, la Suisse, l'Italie, rapportant de ces voyages des plantes qui accrurent ses collections.

Etabli à Bordeaux, comme notaire, de 1876 à 1894, il résidait encore dans cette ville lorsqu'il mourut à Paris, où il se trouvait de passage, le 17 août 1898.

Il avait, depuis longtemps, négligé la botanique ; et son herbier, qui était en mauvais état lors de son décès, est aujourd'hui détruit.

DELAUNAY père

Né à Tours le 18 avril 1778, Delaunay (Daniel-Gervais) entra d'abord dans l'enseignement, et il professait les sciences physiques et naturelles au Collège de Vendôme lorsqu'il donna sa démission. Il prit alors, au Mans, le diplôme de pharmacien (27 octobre 1824) et s'établit à Châteaurenault.

Il y resta huit ans, puis vint à Tours où il ne tarda pas à être chargé du cours de physique et de chimie appliqué à l'industrie, laissé vacant par le départ de Dujardin. Bientôt aussi, il fut nommé conservateur des collections d'histoire naturelle du Musée, fonctions qu'il occupa jusqu'en 1856. Il mourut à Tours, le 5 décembre de l'année suivante, laissant deux fils : l'un, Victor, ancien élève de l'Ecole polytechnique, était alors officier d'artillerie ; l'autre, Jules, dirigeait l'usine de Portillon et s'occupait activement de botanique.

Delaunay père, qui avait toujours cultivé les sciences physiques et naturelles, avait puissamment contribué à inculquer à son fils Jules le goût de la botanique et c'est à ce titre surtout que j'ai cru devoir consacrer ces quelques lignes à sa mémoire.

Jules DELAUNAY

Fils du précédent et de Anne Jarry, Delaunay (Parfait-Gervais, dit Jules) naquit à Tours le 19 avril 1806. Il venait de terminer ses études au collège de Vendôme, lorsque son père, qui professait les sciences physiques et naturelles dans cette maison, quitta l'enseignement pour créer une pharmacie à Châteaurenault.

Delaunay embrassa alors cette profession, et il dirigeait, comme élève, l'officine la plus importante de la ville de Tours, celle de Margueron, lorsqu'il abandonna cette carrière pour concourir, avec M. Pallu, à la fondation de l'usine de Portillon (1830).

Entré comme chimiste dans cet établissement, il en prit la direction dix ans après et conserva cette fonction jusqu'en 1862. Il vint alors se fixer à Tours, où il mourut le 10 novembre 1872.

Jules Delaunay avait puisé au foyer paternel le goût des sciences physiques et naturelles. L'étude de la botanique, surtout, lui semblait pleine d'attraits. Il s'y livra avec ardeur et ne l'abandonna pas un instant pendant son séjour à Portillon. C'est même à cette époque qu'il cultiva le plus assidûment cette science. Les absences fréquentes que nécessitaient ses herborisations, les soins qu'il donnait à son herbier, lui prenaient beaucoup de temps et faisaient souvent, paraît-il, le désespoir de M. Pallu.

Il ne se passait, en effet, pas une semaine, dans la belle saison, sans qu'il fît plusieurs excursions, visitant de préférence les environs immédiats de la ville de Tours et en particulier les riches localités qui s'étendent au nord-ouest, sur les communes de Saint-Etienne-de-Chigny, Cléré, Ambillou, Sonzay, Semblançay, etc., et, au sud, entre Athée, Truyes et Courçay. C'est là qu'il recueillait la plupart des plantes destinées à ses correspondants.

Il faisait cependant, de temps en temps, quelques herborisations sur d'autres points du département, et presque chaque année il prenait un mois de vacances qu'il consacrait à
de longs voyages. C'est ainsi qu'il visita les rives de l'Océan
et de la Méditerranée, les Pyrénées, les Alpes, la vallée du
Rhin, la Belgique, la Savoie, la Suisse, l'Italie, rapportant
de ces diverses régions des plantes qui venaient enrichir son
herbier.

Lorsqu'il eut abandonné la direction de l'usine, il continua
ses herborisations et explora les parties du département dont
la flore lui était encore inconnue.

Delaunay fut en relations avec un grand nombre de botanistes et notamment avec tous ceux qui vivaient alors en
Indre-et-Loire. Il connut successivement Parmentier, Margueron, Blanchet, Leclerc, Tassin, Coqueray, de l'Hôpital,
Chambert, tous aujourd'hui disparus, M. Barnsby, et bien
d'autres.

J'eus moi-même la bonne fortune de faire la connaissance
de cet aimable et savant naturaliste, de correspondre et
d'échanger des plantes avec lui. En 1870, il vint à Chinon où
je pus lui faire recueillir quelques-unes des raretés de la
flore locale ; enfin, l'année même de sa mort, j'explorais
encore avec lui, les riches localités de Courçay, Athée,
Cigogné, etc.

Mais, de tous ses compagnons d'herborisation, le Dr Blanchet fut le plus assidu. Pendant 25 ans, de 1834 à 1858, ils
herborisèrent ensemble, et en 1847 ils rédigèrent en commun un catalogue des plantes d'Indre-et-Loire, qu'ils pré-
sentèrent au Congrès scientifique alors réuni dans la ville
de Tours. Ils complétèrent plus tard ce travail en y consi-
gnant le résultat de leurs recherches ultérieures, et lorsque
Blanchet eut quitté la Touraine (1862), Delaunay, possesseur
du manuscrit, continua d'y inscrire les plantes qu'il décou-
vrait ou dont la présence lui était signalée. Son intention
était de faire imprimer un jour ce catalogue, mais la mort le
surprit avant qu'il ait pu mettre ce projet à exécution.

Delaunay n'a rien publié sur la végétation du département,

mais, par ses échanges, par sa collaboration aux *exsiccata* de Billot, de Puel et Maille, etc., par les renseignements qu'il fournit à Boreau pour la troisième édition de la *Flore du Centre*, il a largement contribué à faire connaître les raretés de la flore tourangelle.

Son herbier, composé, d'après M. Barnsby, de plus de 18.000 espèces, renfermait des végétaux récoltés sur tous les points du globe. On y trouvait les grands *exsiccata* de Billot (*Flora Galliæ et Germaniæ exsiccata*), de Mabille (*Herbarium corsicum*), de Mandon (*Plantæ Andium boliviensium*, etc.), de Heldreich (*Herbarium græcum normale*, etc.), de Puel et Maille, de Bourgeau, de Balansa, de Kralik, etc., ainsi qu'un grand nombre de plantes provenant de savants dont les travaux ont illustré le nom. Après son décès, ce bel herbier fut divisé et vendu par les soins de MM. Kralik et Billon. Toutefois, les plantes d'Indre-et-Loire en avaient été préalablement extraites pour former un herbier départemental que Mme Delaunay a offert à la ville de Tours. Cette collection, déposée d'abord au Jardin botanique, est aujourd'hui à la Bibliothèque municipale. Elle est empoisonnée et comprend 12 cartons in-folio.

C'est à l'aide des matériaux contenus dans cet herbier et des documents fournis par le manuscrit dont j'ai parlé précédemment et par les journaux d'herborisation de Delaunay, que la Société tourangelle d'horticulture a publié, après la mort de ce botaniste et sous son nom, le *Catalogue des plantes vasculaires du département d'Indre-et-Loire*.

La rédaction du travail fut confiée à l'abbé Coqueray au commencement de 1873 et l'impression du volume fut terminée dans le courant de la même année (1).

Cette publication contenait sur la végétation du département beaucoup de renseignements encore inédits. On y voyait un grand nombre d'espèces qui ne figuraient pas dans la flore de 1833 : plusieurs d'entre elles avaient déjà été indiquées, en 1849 et 1857, par Boreau, à qui Blanchet et Delau-

---

(1) Voir à propos de ce *Catalogue* les articles que j'ai consacrés au Dr Blanchet et à l'abbé Coqueray.

nay les avaient signalées ; les autres, plus répandues dans le rayon de la Flore du Centre ou découvertes depuis 1857, se trouvaient ici mentionnées pour la première fois.

Les plantes dont s'enrichissait ainsi la flore d'Indre-et-Loire ne provenaient évidemment pas toutes des recherches personnelles de Delaunay. Blanchet avait contribué à leur découverte ; mais, ainsi que je l'ai dit en parlant de ce dernier, il est impossible de faire la part de chacun d'eux.

Parmi les espèces que ces botanistes avaient signalées à Boreau et que l'auteur de la *Flore du Centre* avait indiquées dans son ouvrage, je citerai : *Ranunculus hololeucos (R. Petiveri pp.), Cardamine parviflora, Sagina nodosa, Trifolium angustifolium, T. glomeratum, T. strictum, T. resupinatum, Astragalus monspessulanus* (1), *Bupleurum aristatum, Seseli coloratum, Androsace maxima, Symphytum tuberosum, Veronica montana, V. verna, Odontites Jaubertiana, Orobanche Teucrii, O. Picridis, Brunella grandiflora, Chenopodium opulifolium, Muscari botryoides, Ornithogalum nutans, Juncus squarrosus, Rhynchospora fusca, Carex maxima, Echinaria capitata, Aira uliginosa, Avena sulcata, Festuca uniglumis,* etc.

Enfin, parmi les plantes dont la présence n'avait pas encore été mentionnée en Indre-et-Loire et dont la découverte semble due à l'un ou à l'autre de ces deux botanistes, on peut citer : *Lepidium heterophyllum (L. Smithii), Viola alba, V. lancifolia, Linum montanum, L. Salsoloides, Geranium lucidum, Fragaria collina, Montia rivularis, Sedum elegans, Campanula patula, Veronica præcox, Euphorbia falcata, Potamogeton rufescens, P. trichoides (P. monogynus), Luzula maxima, Carex ligerina, Carex humilis (C. clandestina), Anthoxanthum Puelii, Poa palustris (P. fertilis),* etc.

J'ai indiqué, en parlant du Dr Blanchet, quelques espèces que ce botaniste m'a signalées autrefois comme étant le résultat de ses propres recherches. On peut de même attribuer à Delaunay la découverte d'un certain nombre de plantes,

---

(1) L'*Astragalus* avait déjà été signalé, mais je ne sais d'après quelle autorité, à Chinon où il n'a pas été retrouvé (Guépin, *Flore de Maine-et-Loire,* 2e édit. 1838).

notamment celle de l'*Arenaria controversa,* de l'*Agrimonia odorata,* de l'*Ammi majus,* recueillies après le départ de Blanchet, et sans doute aussi celle de quelques-unes des espèces qui croissent dans le nord-ouest du département où il herborisait souvent seul.

Delaunay faisait partie de la Société botanique de France depuis sa fondation. Il était membre de la Société d'agriculture, sciences, arts et belles-lettres du département, ainsi que de la Société tourangelle d'horticulture. Il avait été, enfin, l'un des souscripteurs-fondateurs du Jardin botanique de Tours. C'était un homme de relations agréables, bon, aimable, aussi modeste que savant. M. Barnsby lui a consacré une *Notice nécrologique* dans le *Bulletin de la Société d'horticulture* (T. III, 1872, p. 114).

Cette Société, en publiant sous le nom de Jules Delaunay le catalogue des plantes d'Indre-et-Loire, a élevé à la mémoire de ce savant un monument qui perpétuera son souvenir.

DEROUET, aîné

Né à Tours, le 4 décembre 1773, François-Joseph Derouet était fils d'un contrôleur des guerres, François Derouet, qui fut plus tard adjoint au maire de Tours et conseiller général d'Indre-et-Loire, et de Marie-Josephe-Flore de Granolach.

Entré à l'Ecole polytechnique dès les premiers temps de sa création, il en sortit lieutenant du génie le 1er août 1793, et fut nommé capitaine le 26 frimaire an II.

Marié à Tours, en 1806, avec une demoiselle Picault, fille de l'ancien délégué à l'intendance royale de cette ville, il quitta bientôt l'armée, et après avoir rempli pendant quelques années les fonctions de directeur des contributions indirectes, à Rodez, il revint habiter la Touraine où il demeura jusqu'à sa mort (20 novembre 1860). On le désignait généralement sous les noms de Derouet-Picault ou de Derouet aîné, pour le distinguer de son frère Frédéric.

C'était un botaniste très distingué. Il avait beaucoup herborisé et il possédait un fort bel herbier. Dans notre département, il avait surtout exploré les environs de Tours et en particulier le canton de Vouvray, où il résidait pendant la belle saison dans sa propriété de Rosnay. Il entretenait des correspondances et faisait des échanges avec plusieurs savants français et étrangers.

En 1832, lorsque Diard eut donné à la Bibliothèque de Tours son catalogue manuscrit des plantes de l'arrondissement de Loches, la Société d'agriculture exprima le vœu qu'un travail analogue fût exécuté pour les autres parties du département. Derouet se mit aussitôt à l'œuvre et rédigea un catalogue des plantes qu'il connaissait en Indre-et-Loire. La partie consacré à la phanérogamie fut remise à la Société avant la fin de l'année, la cryptogamie devant l'être un peu plus tard. C'est alors que cette Société conçut le projet de publier la Flore du département, qui vit le jour l'année suivante.

Derouet était certainement, à cette époque, le botaniste qui connaissait le mieux la végétation des environs de Tours. Aussi, bien qu'il ne fit pas partie de la commission de rédaction de la Flore, ce fut lui qui en fournit les éléments essentiels. Il ne se contenta pas, en effet, de faire connaître aux membres de cette commission le résultat de ses recherches dans le département; il mit son herbier à leur disposition et se rendit à toutes leurs réunions pour leur fournir le tribut de ses lumières et de son expérience. Un grand nombre des indications consignées dans la Flore de 1833 ne sont dues qu'à lui; c'est ce que Dujardin n'a peut-être pas suffisamment fait ressortir dans la préface aussi bien que dans le corps de l'ouvrage.

Derouet est donc un des naturalistes qui ont le mieux mérité de la flore d'Indre-et-Loire. Son frère puiné, Frédéric, ancien commandant du génie et conseiller général d'Indre-et-Loire, s'occupait également de botanique; et le fils de ce dernier, Frédéric (2e du nom), très versé lui-même dans l'étude des plantes, hérita de l'herbier de son oncle, qu'il se plut à enrichir de précieuses collections et qu'il légua à la ville de Tours (1).

Cet herbier, très important, devait être déposé au Musée, mais il ne put y être conservé faute d'espace, et fut confié par le Maire à M. Barnsby qui l'installa au Jardin botanique où il est encore aujourd'hui. Il contient, indépendamment des plantes récoltées par l'auteur aux environs de Paris, de Rodez, de Tours, etc., des espèces provenant de nos anciens botanistes tourangeaux : Jacquemin, Diard, Porcher, Delaunay, etc , et de divers savants, connus par leurs travaux, tels que Mérat, Duby, Guépin, Cosson, Eugène Fournier, etc.

De superbes *exsiccata* y sont annexés, formant une série spéciale qui comprend notamment : l'*Herbier des Flores locales de France*, de Puel ; les *Plantes d'Espagne, d'Algérie, d'Arménie, des Canaries*, de Bourgeau ; les *Plantes d'Orient et d'Algérie*, de Balansa ; les *Plantes de Tunisie et d'Algérie*, de Kralik ; les *Plantes de Syrie*, de Blanche et de Gaillardot ; l'*Herbarium græcum normale*, de Heldreich, etc. (2).

Cette collection présente donc un grand intérêt ; malheureusement, elle n'est pas empoisonnée, et il serait à souhaiter que la Ville ou la Commission administrative du Jardin fît quelque sacrifice pour la mettre à l'abri de la destruction dont elle est menacée.

Pierre DIARD

Pierre Diard, né dans le Maine, à Domfront-en-Champagne (Sarthe), le 10 avril 1784, est un des botanistes qui ont le plus contribué à faire connaître la végétation de l'arrondissement de Loches.

-----

(1) Fils de Frédéric Derouet et de Prudence Bruley, Frédéric Derouet (2ᵉ du nom) mourut à Vouvray le 1ᵉʳ mai 1875, à l'âge de 64 ans. Il était maire de cette ville et membre du Conseil général d'Indre-et-Loire, et il faisait partie de la Société botanique de France depuis sa fondation. Il avait été officier d'artillerie.

(2) Ces *exsiccata* proviennent pour la plupart, sinon tous, d'acquisitions faites par Frédéric Derouet.

Blessé en Italie, en 1809, pendant qu'il accomplissait son service militaire, il revint dans son pays natal et entra bientôt (1811) dans l'administration des contributions indirectes.

Nommé à Loches, le 18 novembre 1824, il quitta cette ville huit ans après (24 octobre 1832) pour se rendre à Saint-Calais où il resta jusqu'à sa mise à la retraite (8 avril 1845). Il se retira alors à Sainte-Croix-lès-Le Mans, et mourut dans cette localité le 18 août 1849 (1).

Diard est surtout connu comme botaniste par ses recherches sur la végétation de Saint-Calais, exposées dans son *Catalogue raisonné des plantes qui croissent naturellement à Saint-Calais et dans les environs*, ouvrage publié en 1852, après sa mort. Mais, pendant son séjour à Loches, il s'était également occupé de botanique et avait exploré les divers cantons de cet arrondissement.

Avant de quitter le département d'Indre-et-Loire, il avait consigné le résultat de ses herborisations dans un manuscrit rédigé au commencement de l'année 1832. Ce travail, dont il fit alors hommage à la Bibliothèque municipale de Tours, est intitulé : *Statistique végétale de l'arrondissement de Loches ou Catalogue des plantes qui y ont été observées par M. Diard, employé des contributions indirectes* (2).

Ce don, annoncé à la séance de la Société d'agriculture du 9 juin 1832, fut, sans aucun doute, la cause initiale de la publication de la Flore d'Indre-et-Loire, entreprise par cette Société à la fin de la même année.

Le catalogue de Diard contient l'énumération des cryptogames et des phanérogames, ces dernières classées d'après la méthode naturelle, avec l'indication des localités où elles croissent. Parmi les espèces les plus remarquables, je citerai :

---

(1) Ces dates précises m'ont été fournies par M. Ambr. Gentil, du Mans, qui a publié une notice sur la vie et les travaux de Pierre Diard. (Bulletin de la Soc. d'agr., sciences et arts de la Sarthe, 1902).

(2) C'est un volume in-8° de 268 pages numérotées, plus 3 feuillets non chiffrés pour le titre, l'avertissement et les abréviations, et 12 feuillets également non chiffrés pour les tables. Il porte, à la Bibliothèque, dans la section des manuscrits, le n° 1363.

Ranunculus Lingua, Silene Otites, Geranium pratense, Erodium moschatum, Oxalis Acetosella, Androsæmum officinale, Melilotus italica, Buplevrum falcatum, Peucedanum Cervaria, P. officinale, Dipsacus pilosus, Carduncellus mitissimus, Campanula rotundifolia, Gentiana cruciata, Linaria arvensis, Digitalis lutea, Lavandula Spica, Leonurus Cardiaca, Euphorbia pilosa, E. hyberna, Tulipa silvestris, Phalangium ramosum, Cephalanthera rubra, Naias major, Heleocharis ovata, Scirpus compressus, Rhynchospora alba, Carex Halleriana, C. ampullacea, Avena tenuis.

Ces plantes n'ont pas toutes été retrouvées dans les localités où Diard les indiquait il y a plus de 70 ans, mais des recherches assidues feront peut-être découvrir un jour celles qui n'ont pas été rencontrées depuis lors.

L'œuvre de Diard est considérable pour l'époque et classe ce botaniste parmi ceux qui ont le mieux mérité de la flore d'Indre-et-Loire. Son herbier, dont les étiquettes ont malheureusement été renouvelées, est conservé au collège ecclésiastique de Précigné (Sarthe), mais il ne contient plus, aujourd'hui, qu'une partie des plantes du catalogue. Il est probable qu'un certain nombre d'espèces, rongées par les insectes, ont été éliminées lors du renouvellement des étiquettes.

J'ai connu autrefois des Lochois que Diard avait honoré de son amitié; tous avaient conservé le meilleur souvenir des relations qu'ils avaient entretenues avec lui.

Pierre-Médard DIARD

Un homonyme du botaniste dont je viens de parler, Pierre-Médard Diard mérite d'être cité comme un des naturalistes les plus éminents qu'ait produits la Touraine.

Né le 9 germinal an II (19 mars 1794) au château de la Brosse, commune de Chenusson, réunie depuis à celle de Saint-Laurent-en-Gâtine, il n'avait semble-t-il aucun lien de parenté avec le précédent. Ils ont cependant été quelquefois confondus, et c'est un des motifs qui m'engagent à en dire quelques mots.

Après avoir fait au collège de Tours ses études classiques, et commencé dans la même ville ses études médicales, il servit pendant quelque temps dans les armées impériales, puis alla à Paris dans l'intention d'y prendre le titre de docteur.

En 1817, il partit pour les Indes orientales où il créa, à Chandernagor, avec le concours d'Alfred Duvaucel, le beau-fils du célèbre Cuvier, un Jardin des Plantes installé sur le modèle de celui de Paris, avec cultures de végétaux intéressants, animaux vivants et bêtes empaillées.

Ces deux naturalistes furent, l'année suivante, chargés d'une mission à Sumatra, puis il se séparèrent. Duvaucel mourut bientôt après, tandis que Diard, continuant ses études, resta dans les Indes.

En 1821, il prit part à une expédition destinée à fonder des établissements en Cochinchine, et il en profita pour étudier l'histoire naturelle de cette contrée. Enfin, en 1824, il se rendit à Batavia où il fut chargé par le gouvernement hollandais de diriger les cultures de Java. Il y mourut le 16 février 1863, n'étant revenu qu'une fois en France, en 1843.

Pendant tout le temps de son séjour dans les Indes, Diard s'occupa d'histoire naturelle, mais surtout d'agriculture et de zoologie. Il forma des collections importantes qui enrichirent les musées de Paris, de Londres et de Leyde.

La Société d'agriculture d'Indre-et-Loire l'avait reçu comme membre associé en 1829, et lui avait décerné en 1844 le titre de membre honoraire.

Emmanuel DRAKE del CASTILLO

Né à Paris, le 28 décembre 1855, Emmanuel Drake del Castillo doit prendre rang parmi les botanistes tourangeaux. C'est en Touraine, en effet, qu'il prit goût à la botanique et qu'il commença son herbier.

Dès son enfance il aimait les plantes, mais il ne se donna réellement à leur étude qu'après avoir obtenu le diplôme de licencié en droit. Quelques années après (1880), il entra au laboratoire des hautes études du Muséum, où il resta deux ans ; puis, sur les conseils de M. Bureau, il se spécialisa dans l'étude si difficile de nos flores coloniales.

Après s'être occupé d'abord de la végétation de la Polynésie française, puis de celle de l'Indo-Chine, il avait entrepris de continuer la *Flore de Madagascar*, laissée inachevée par Baillon, et il avait déjà donné plusieurs fascicules de cette belle publication, lorsqu'il mourut, le 14 mai 1904, dans sa propriété de Saint-Cyran-du-Jambot (Indre), sur les limites de la Touraine.

La Société botanique de France perdait en lui un de ses membres les plus éminents et en même temps un de ses derniers présidents. Il avait, en effet, été appelé à diriger les travaux de cette Compagnie pendant le cours de l'année 1900.

Il laissait une bibliothèque très importante et un des plus beaux herbiers qu'un botaniste ait jamais réunis. Ces précieuses collections ont été offertes par sa famille au Muséum d'histoire naturelle de Paris.

M. Bureau a publié, en 1904, dans le *Bulletin de la Société botanique de France*, une notice sur la vie et les travaux de ce savant, ainsi que sur la composition de son magnifique herbier.

Emmanuel Drake herborisait en Touraine dès 1878. C'est avec des plantes récoltées alors aux alentours du château de Candé qu'il commença son herbier. Il continua ensuite, pendant les séjours qu'il faisait chaque année dans cette résidence, à explorer les localités avoisinantes, où il recuillit *Isopyrum thalictroides, Primu'a elatior, Cephalanthera pallens, Cephalanthera ensifolia, Eriophorum latifolium*, etc.

Cependant ses voyages à Candé furent plus rares à partir de 1883, époque à laquelle il devint propriétaire du château de Saint-Cyran-du-Jambot, dans l'Indre. Il passa dès lors tous les ans quelques mois dans cette propriété et fut ainsi amené à visiter les communes du département d'Indre-et-Loire les plus voisines de cette localité. Mais il ne classa, paraît-il, dans ses collections, aucune des plantes provenant de cette région.

Il y a une douzaine d'années, M. Drake donna à l'Ecole normale d'institutrices de Tours un herbier considérable, provenant de M. de Vésian. Cette collection, dont il venait de se rendre acquéreur, et de laquelle il avait extrait un certain nombre d'espèces pour son bel herbier, est contenue dans 48 cartons in-folio. Elle se compose principalement de plantes de l'Europe occidentale, méridionale et centrale, recueillies tant par M. de Vésian que par divers autres botanistes, la plupart très connus, parmi lesquels je citerai : Cosson, de Schœnefeld, Eugène Fournier, Déséglise, Bordère, Foucaud, Le Grand, et MM. Rouy, Delacour, Giraudias, Gandoger, etc. Elle contient aussi quelques *exsiccata*, notamment ceux de Reverchon (*Plantes des Basses-Alpes, de la Corse, de la Sardaigne, de l'Andalousie*), de Bourgeau *(Plantes des Alpes et de la Savoie)*, les *Reliquiæ Mailleanæ*, l'*Herbier des Flores locales de France* de Puel, des plantes du Comptoir d'échanges de Strasbourg, etc. Malgré son importance et sa valeur réelle, cet herbier, qui est bien conservé, ne présente que peu d'intérêt pour la flore tourangelle, les plantes d'Indre-et-Loire n'y étant représentées, ce me semble, que par les espèces faisant partie des *Reliquiæ Mailleanæ* et de l'*Herbier des Flores locales*, de Puel (1).

DUBOIS

Dubois (Armand-Jean-Baptiste), né à Arcis-sur-Aube, le 22 juillet 1825, entra dans l'Enregistrement, prit sa retraite comme sous-inspecteur des Domaines, en 1880, et mourut quatre ans après.

____

(1) L'herbier de M. de Vézian, acheté par M. Emmanuel Drake en 1891, contenait d'intéressants *exsiccata* que M. Drake intercala dans ses collections et parmi lesquels je citerai : Bænitz, *Herbarium europæum* ; Schultz, *Herbarium normale* ; Lojacono, *Plantæ siculæ rariores ;* Brotherus, *Plantæ caucasicæ ;* Heldreich, *Iter per Græciam sept.*, *Plantæ exs. Floræ hellenicæ ;* Falk, *Plantæ scandinavicæ;* Ollson, *Flora norvegica ;* Engelhardt, *Flora von Kustenland ;* etc. Le reste, qui constitue aujourd'hui l'herbier de l'Ecole normale d'institutrices de Tours, fut donné à cet établissement, en 1893, par M. Emmanuel Drake, à la demande de son frère, M. Jacques Drake, député d'Indre-et-Loire, alors membre du Conseil d'administration de l'Ecole.

Il habitait alors à Blois et il venait chaque année passer quelque temps en Touraine, dans une propriété qu'il possédait à Chambourg. Je sais qu'il s'y livrait à l'étude des plantes et qu'il employait ses loisirs à herboriser, mais je ne puis dire quels furent les résultats de ses recherches dans cette localité. La mort le surprit en effet au moment même où je venais de faire sa connaissance et où il se disposait à me communiquer la liste des plantes qu'il avait observées dans cette région.

Il faisait partie de la Société botanique de France depuis 1874.

DUGENET

Né à Bléré, le 6 septembre 1811, Alexandre-Barnabé Dugenet fut reçu pharmacien à Tours, en 1834, et fonda presque aussitôt, à Sainte-Maure, une pharmacie qu'il conserva jusqu'en 1862. Dans l'intervalle, lors de la constitution de la première Société pharmaceutique d'Indre-et-Loire, en 1850, il en avait été nommé vice-président.

Après être resté plus de 10 ans adjoint au maire de Sainte-Maure, il occupa la mairie de 1860 à 1863, puis il fixa son domicile à Tours où il prit le diplôme d'officier de santé, et il était conseiller municipal et adjoint au maire de cette ville lorsqu'il y mourut le 17 novembre 1877.

Bien que l'abbé Coqucray l'ait cité comme botaniste dans la préface du *Catalogue des plantes d'Indre-et-Loire*, Dugenet était en réalité peu versé dans l'étude des plantes, mais il était intimement lié avec Delaunay et le Dr Blanchet, qu'il accompagnait volontiers dans leurs herborisations aux environs de Sainte-Maure.

Après le décès de Delaunay, ce fut lui qui fut chargé d'extraire de l'herbier de ce botaniste les plantes d'Indre-et-Loire que Mme Delaunay avait consenti à donner à la ville de Tours pour en former une collection départementale.

Félix DUJARDIN

Les biographes de ce savant se sont appliqués à mettre en relief la valeur de ses travaux sur les animaux inférieurs et n'ont guère parlé de lui comme botaniste. C'est à ce titre pourtant, et en particulier en raison de la part active qu'il prit, en 1833, à la publication de la *Flore d'Indre-et-Loire*, que Dujardin doit occuper ici une place d'élite.

Né à Tours, le 5 avril 1801, Félix Dujardin se destina d'abord à l'Ecole polytechnique. Ayant échoué, il s'adonna pendant quelque temps à la peinture, puis, après s'être marié dans les Ardennes, en 1823, il revint dans sa ville natale où pendant plusieurs années il tint une librairie tout en donnant des leçons de mathématiques.

Bientôt, cependant, il abandonne sa maison de commerce pour se consacrer entièrement à la science. Il étudie dès lors, avec un zèle des plus louables, la flore, la faune et la constitution géologique du pays ; il est nommé conservateur des collections d'histoire naturelle du Musée et chargé de professer un cours public de géométrie et de mécanique, appliqué aux arts, puis un cours de chimie industrielle.

Après dix années de séjour en Touraine, il va se fixer à Paris (1834) et ne tarde pas à se faire connaître par une série de mémoires sur les rhizopodes, les infusoires, les polypiers de la craie, etc. Il est alors appelé à occuper la chaire de géologie et de minéralogie à la Faculté des sciences de Toulouse, puis celle de botanique et de zoologie à la Faculté de Rennes.

C'est à cette époque qu'il publia l'histoire des helminthes, celle des infusoires, ainsi que son remarquable travail sur la structure des yeux des insectes, et il faisait imprimer un savant ouvrage sur les échinodermes lorsqu'il mourut le 8 avril 1860.

Il venait d'être élu membre correspondant de l'Institut et il était chevalier de la Légion d'honneur depuis dix ans déjà.

Dujardin faisait partie de la Société d'agriculture, sciences,

arts et belles-lettres du département, et il était depuis deux
ans secrétaire de la section des sciences de cette Compagnie,
lorsqu'elle décida, en 1832, de publier la *Flore d'Indre-et-Loire*.
Il se trouva donc tout désigné pour faire partie de la Commission chargée de mettre ce projet à exécution. On lui donna pour collaborateurs deux de ses collègues: Jacquemin et
Margueron, mais ce fut lui qui, seul, s'occupa de la rédaction
du volume. Il y travailla sans relâche, et la Flore vit le jour
à la fin de l'année suivante.

Cependant Dujardin n'eût pu que difficilement s'acquitter
de la tâche qu'on lui avait confiée, sans le concours de plusieurs botanistes distingués. Il fut d'abord puissamment aidé
par la communication de deux manuscrits importants : le
catalogue des plantes de l'arrondissement de Loches, dressé
par Diard en 1832, et le catalogue des plantes du département, rédigé la même année par Derouet-Picault. Quelques
autres de ses collègues lui fournirent aussi de précieux renseignements, notamment Jacquemin qui visita les parties du
département dont la flore était le moins connue et qui lui
fit part du résultat de ses recherches.

Mais, je le répète, la rédaction du volume est entièrement
l'œuvre de Dujardin, et malgré les défectuosités que l'on a
souvent reprochées à cet ouvrage, on doit savoir gré à cet
éminent naturaliste du labeur qu'il s'est imposé pour lui
donner le jour.

Auguste DUVAU

Auguste Duvau, né à Tours, le 14 janvier 1771, commença
ses études dans cette ville et les termina à Paris, au collège
Duplessis.

Il se destinait à l'état ecclésiastique, quand éclata la Révolution. Il émigra (1792) et, après avoir séjourné quelque
temps en Westphalie, il se rendit à Erfurt, puis à Weimar où
il se rencontra avec plusieurs de ses compatriotes, parmi
lesquels se trouvait le célèbre Mounier.

Revenu momentanément dans sa patrie, en 1802, il ne

tarda pas à retourner en Allemagne, puis il alla passer une année (1804) à Genève où il fit la connaissance d'un médecin distingué, nommé Odier, qui lui inspira le goût de la botanique.

L'année suivante (1805), il rentra définitivement en France, s'y maria et se fixa auprès de son père qui habitait le château de la Farinière, à Cinq-Mars. Il y resta cinq ans, partageant son temps entre les jouissances de la vie de famille et l'étude des sciences naturelles.

En 1810, le baron Edouard Mounier, alors secrétaire du cabinet de l'empereur, utilisa la connaissance approfondie que Duvau possédait de la langue allemande en le plaçant à la tête d'un bureau de traduction attaché au cabinet impérial. Duvau suivit ensuite son protecteur à l'Intendance des bâtiments de la Couronne, et il était secrétaire général de cette administration lorsqu'il prit sa retraite, au commencement de 1830. Il se retira à la Farinière, où il mourut le 8 janvier 1831.

Depuis son retour en France, Auguste Duvau avait consacré ses loisirs à l'étude des sciences naturelles. Il en connaissait toutes les branches et avait publié successivement : une *Notice sur trois dépôts coquilliers des départements d'Indre-et-Loire et des Côtes-du-Nord ;* un mémoire intitulé : *Nouvelles recherches sur l'histoire naturelle des pucerons ;* un *Essai statistique sur le département d'Indre-et-Loire ;* des *Considérations générales sur le genre Veronica et sur quelques genres des familles ou sections voisines,* etc. Ces divers travaux, lus à l'Académie des sciences, lui avaient valu des éloges mérités, et il était sur le point de livrer à l'impression une *Monographie du genre Veronica,* lorsque la mort le surprit dans sa retraite.

Il laissait d'importantes collections botaniques et géologiques, ainsi que divers manuscrits, notamment un aperçu sur l'histoire de la botanique, intitulé *Phytologie.*

Duvau avait traduit en français plusieurs ouvrages allemands. Il avait collaboré au *Bulletin des sciences naturelles* du baron de Férussac, et avait donné dans la *Biographie universelle* de Michaud, une série de notices sur des littérateurs allemands et des botanistes français et étrangers.

Il devait bien connaître la végétation du département et en particulier celle des landes qui occupent une si grande étendue de terrain au nord de la propriété qu'il habitait, et dans lesquelles il avait signalé (*L'essai statistique*, p. 25-26) : *Erica ciliaris, Pinguicula lusitanica, Phalangium bicolor*, etc.

Il avait du reste fourni à de Candolle, qui les avait consignées en 1815 dans le supplément à la *Flore française*, diverses indications relatives à la flore d'Indre-et-Loire et à celle de plusieurs autres départements, et qui prouvent que l'étude des cryptogames lui était aussi familière que celle des phanérogames.

Duvau paraît être, enfin, le premier qui ait fait ressortir l'utilité de la création d'un jardin botanique à Tours (*Essai statistique*, p. 63); et, si l'on en croit un de ses biographes, Ch. Bélanger (1), son intention était de faire lui-même, dans cette ville « un cours de botanique pour les étudiants », et de publier un jour « l'histoire naturelle » du département.

FOREST

Forest (Louis-René-Marie-Anne) naquit, le 1er juin 1765, à Nouâtre, où son père était à la fois notaire et procureur.

Après avoir occupé, pendant la Révolution, des charges judiciaires à Chinon et à Tours, il s'établit comme avocat au chef-lieu du département et il y exerça cette profession jusqu'en 1830. Nommé alors conseiller de préfecture à Tours, il conserva cette fonction jusqu'en 1840, et il mourut dans la même ville le 26 janvier de l'année suivante.

Forest était, paraît-il, un homme intelligent et instruit. Il avait été appelé à faire partie du jury central d'instruction du département, dès la création de cette institution. La Société d'agriculture, qui le comptait parmi ses adhérents depuis sa réorganisation, avait inséré dans ses *Annales*, en 1831,

---

(1) *Notice nécrologique sur M. Aug. Duvau,* par M. Ch. Bélanger (Bulletin des sciences naturelles et de géologie, IIe section du Bulletin universel du baron de Férussac, t. 27, p. 76, Paris, 1831).

un *Essai de botanique* dont il était l'auteur, et lui avait décerné, en 1835, le titre de membre honoraire. Il était, enfin, chevalier de la Légion d'honneur.

Je ne saurais dire si Forest a quelquefois herborisé en Touraine, mais son opuscule sur la botanique prouve qu'il connaissait bien les plantes et lui assigne une place parmi les botanistes tourangeaux.

FRANCHET

Adrien Franchet, né à Pezou (Loir-et-Cher) le 21 avril 1834, et décédé à Paris le 15 février 1900, doit être cité parmi les botanistes qui ont exploré la Touraine.

Il se livra de bonne heure à l'étude des sciences naturelles et en particulier de la botanique, et il exerça de 1857 à 1880 les fonctions de conservateur des collections minéralogiques et anthropologiques réunies par le marquis de Vibraye au château de Cour-Cheverny.

Après la mort du marquis, il ne s'occupa plus que de botanique, et bientôt il fut attaché au Muséum d'histoire naturelle de Paris, en qualité de répétiteur du laboratoire des hautes études, fonctions qu'il occupa jusqu'à sa mort.

Franchet a publié en 1866, dans le Bulletin de la Société archéologique et scientifique du Vendômois : un *Essai sur la distribution géographique des plantes phanérogames dans le département de Loir-et-Cher*, puis, en 1868, dans les Mémoires de la Société académique de Maine-et-Loire, un *Essai sur les espèces du genre Verbascum croissant spontanément dans le centre de la France, et plus particulièrement sur leurs hybrides*. On lui doit enfin une *Flore du département de Loir-et-Cher*, éditée en 1885, ainsi qu'un grand nombre d'autres publications scientifiques, notamment d'importants travaux sur la flore de l'Extrême-Orient.

Ce botaniste a visité, en Indre-et-Loire, les environs de Tours, de Courçay, de Chinon, etc., mais il n'y a, paraît-il, rien rencontré qui ne fût connu avant lui. C'est pourtant dans cette dernière localité qu'il recueillit en 1856, m'a-t-il dit, ses deux premiers *Verbascum* hybrides, les *V. nothum* et *spurium*. Il mentionne du reste dans son mémoire sur les *Verbascum* plusieurs autres hybrides et quelques espèces légitimes provenant de notre département. Enfin, Boreau m'a dit autrefois que Franchet lui avait signalé le *Lavandula Spica* (DC. *Fl. fr. supp.*, Bor. *Fl. cent.*) aux environs immédiats de Loches, du côté de Beaulieu, mais je n'ai pu avoir la confirmation de ce fait.

Adolphe FRANCIÈRE

Né à Paris, le 8 août 1822, Adolphe Francière appartenait à l'administration des hôpitaux de Paris, lorsqu'il entra comme contrôleur à la Colonie de Mettray, le 1er août 1886. Il en sortit le 31 mai 1887 et mourut quelques années après.

Pendant son séjour à Mettray, il s'occupa un peu de botanique et recueillit dans cette localité quelques espèces intéressantes, notamment le *Tolypella intricata*.

Ernest FRÉMY

Fils de Jacques-Joseph Frémy, principal du collège d'Alençon, et de dame Octavie Perrier, Octave-Ernest Frémy naquit le 14 juin 1832, à Lassay (Mayenne), où demeurait son aïeul maternel, le Dr J.-F.-M. Perrier.

Son père ayant pris sa retraite en 1836 et étant venu habiter la Touraine, Ernest Frémy fit ses études au lycée de Tours, puis alla prendre, à Paris, le diplôme de licencié en droit (1857).

Il passait, chaque année, une partie des vacances chez son grand-père, à Lassay, où il se rencontrait avec son oncle, le Dr Alfred Perrier, de Caen, naturaliste distingué, qui l'emmenait dans ses promenades et l'initiait à l'étude de la botanique et de la zoologie. M. Frémy ne tarda pas à prendre goût à ces sciences, et il ne cessa de les cultiver depuis lors.

Après avoir habité, à Chambourg, la propriété de Saint-Valentin qu'il avait eue de son père, il quitta cette résidence, en 1870 pour aller demeurer à Loches, où il mourut le 21 janvier 1892.

Ce botaniste avait surtout herborisé, dans le département, aux environs de Loches et en particulier à Chambourg. Il y avait rencontré quelques espèces intéressantes qu'il signala à l'abbé Coqueray, lors de la publication du *Catalogue des Plantes d'Indre-et-Loire*, notamment le *Linaria arvensis* (déjà cité par Diard et Clisson), l'*Orchis pyramidalis*, l'*O. odoratissima*, etc.

M. Frémy n'était pas seulement un botaniste consommé, c'était aussi un entomologiste et un ornithologiste distingué. Il laissa, en mourant, un herbier assez considérable, mais en mauvais état, et une importante et superbe collection d'oiseaux empaillés. L'herbier est devenu, depuis, la propriété de M. l'abbé Nourisson qui en a extrait, pour l'annexer au sien, ce qui méritait d'être conservé.

GALLARD

Louis-Eugène Gallard, né à Amboise le 15 novembre 1853, commença dans cette ville (1871-73) ses études pharmaceutiques, qu'il termina à Paris (1874-79). Reçu interne des hôpitaux en 1876, il remportait deux ans après, à l'École, le prix Desportes, et le 18 novembre 1879 il obtenait le diplôme de pharmacien de 1re classe, après avoir soutenu une thèse intitulée : *Recherches sur la nature du Calycule*.

Le 1er janvier suivant, il devenait titulaire de la meilleure pharmacie de Blois et était, presque aussitôt, nommé pharmacien suppléant des hospices de cette ville, directeur du laboratoire de chimie agricole du département de Loir-et-Cher, pharmacien de la Compagnie des Chemins de fer d'Orléans, etc.

Tout semblait donc concourir à lui assurer un bel avenir, lorsqu'une cruelle maladie le contraignit à abandonner, très jeune encore, la situation qu'il s'était créée. Il se retira à Amboise, où il mourut le 12 janvier 1888.

Son succès au concours pour le prix Desportes, le sujet de thèse qu'il avait choisi, prouvent qu'Eugène Gallard aimait la botanique. Il avait, en effet, cultivé cette science dès ses débuts en pharmacie, en herborisant aux environs de sa ville natale et, plus tard, il avait suivi avec fruit les herborisations de l'École. Sa famille conserve son herbier.

Gaston GENEVIER

Né à Saint-Clément-de-la-Place (Maine-et-Loire), le 18 juin 1830, Léon-Gaston Genevier débuta comme élève dans une pharmacie de Nantes et commença, pendant son séjour dans cette ville, à étudier les plantes et à former un herbier. Il se rendit ensuite à Angers où, sous la direction de Boreau, il compléta ses connaissances en botanique et se passionna pour cette science.

Lorsqu'il eut pris, à Paris, le diplôme de pharmacien de 1re classe, il s'établit à Mortagne-sur-Sèvre (1856) et se mit aussitôt à explorer les environs de cette localité, dont il donna la *Florule* (1) dix ans après.

En 1867, il quitta la Vendée pour prendre une officine à Nantes, et fut alors nommé inspecteur municipal des champignons vendus sur les marchés de cette ville. C'est ainsi qu'il se trouva amené à publier, dans le *Bulletin de la Société botanique de France* (tome XXIII, 1876), une *Étude sur les Champignons consommés à Nantes sous le nom de Champignon rose ou de couche (Agaricus campestris)*, et il était sur le point de livrer à l'impression un nouveau travail sur ces cryptogames, lorsqu'il mourut, le 11 juillet 1880.

Genevier appartenait, comme botaniste, à l'école analytique. On lui doit la création d'un grand nombre de formes

---

(1) *Extrait de la Florule de Mortagne-sur-Sèvre, Vendée* (Mém. de la Soc. acad. de Maine-et-Loire, t. XX. — Tirage à part in-8° de 35 p., 1866).

nouvelles qu'il considérait comme autant d'espèces distinctes.

Une de ses premières publications fut la *Description d'une nouvelle espèce de Viola (V. olonnensis, Genev.)*, qui parut dans le tome VIII des *Mémoires de la Société académique d'Angers*. Mais le genre *Rubus* ne tarda pas à attirer son attention et fut, dès lors, l'objet constant de ses études.

Il s'était déjà fait connaître par quelques travaux sur ces plantes difficiles quand il publia, en 1869, sa monographie des *Rubus* du bassin de la Loire (1), suivie bientôt après d'une clef analytique et d'un supplément (2). Dix ans plus tard, l'année même de sa mort, il donnait de ce travail une seconde édition contenant la description de 300 espèces ou formes différentes, et une clef analytique destinée à faciliter la détermination de ces plantes litigieuses (3).

Genevier, qui avait de la famille à Loches, y venait de temps en temps et en profitait pour herboriser dans les localités voisines. C'est ainsi qu'il visita la forêt de Loches, Montrésor, Chenonceaux, Cormery, Esves-le-Moustier, etc. Je n'appris ces détails qu'après sa mort, aussi ne puis-je dire quels furent les résultats de ses explorations dans le département. Je sais seulement qu'il découvrit, à Loches, le *Chelidonium laciniatum* et qu'il recueillit, dans les diverses localités qu'il explora, un grand nombre de formes de *Rubus* signalées dans sa *Monographie* et dont plusieurs appartiennent à des groupes intéressants. C'est donc surtout en sa qualité de rubologue que Genevier doit figurer parmi les botanistes qui ont bien mérité de la flore d'Indre-et-Loire.

---

(1) *Essai monographique sur les Rubus du bassin de la Loire*. Angers, 1869 (Mém. de la Soc. académ. d'Angers). Un volume in-8° de 346 p., donnant la description de 200 espèces.

(2) La *clef*, comprenant 36 p. in-8°, parut à Angers en 1870; et le *Supplément*, 96 p. in-8° contenant la description de 33 espèces nouvelles, parut à Angers en 1872.

(3) *Monographie des Rubus du bassin de la Loire*. Deuxième édition corrigée et augmentée. Paris et Nantes, 1880-81. In-8° de X et 394 pages.

Son herbier, acheté après sa mort par le professeur Babington, est aujourd'hui à l'Université de Cambridge.

Georges GILLET

Fils d'un receveur de l'Enregistrement, qui resta à Bourgueil de 1847 à 1854, Georges Gillet se livra, très jeune encore, à l'étude de la botanique.

Il herborisait aux environs de cette ville à la même époque que Clisson et Coqueray, et ce fut lui qui, en 1851, recueillit près de nos limites, à la Breille, le *Lotus hispidus* dont le curé de Nouzilly signala la présence dans cette localité.

L'herbier de l'abbé Coqueray contient, du reste, plusieurs espèces intéressantes provenant des récoltes de ce jeune botaniste qui, en raison de son état de santé, dut cesser ses herborisations avant le moment où son père quitta la Touraine.

JACQUEMIN-BELLISLE

Jean-Bernard-Toussaint Jacquemin, ou Jacquemin aîné, originaire de Tours, où il naquit le 31 octobre 1789, épousa dans cette ville, le 10 novembre 1813, une demoiselle Huault-Bellisle et fut généralement désigné depuis lors sous le nom de Jacquemin-Bellisle.

Il s'occupa de bonne heure de botanique et de minéralogie, et il venait d'être admis à la Société d'agriculture, sciences, arts et belles-lettres du département d'Indre-et-Loire, lorsqu'il fut nommé, en 1829, conservateur du Cabinet d'histoire naturelle du Musée. La même année, il fit en Suisse un voyage dont le but principal était, paraît-il, d'accroître les collections dont on venait de lui confier la garde.

Deux ans auparavant, il avait déjà parcouru cette contrée et les *Annales de la Société d'agriculture* rendirent compte de ces voyages, au cours desquels il s'était surtout occupé de botanique et de minéralogie. Il devait plus tard (1834) visiter également l'Italie et la Sicile et en rapporter des plantes intéressantes.

En 1832, il fut désigné pour faire partie, avec Dujardin et Margueron, de la Commission chargée de publier la *Flore d'Indre-et-Loire* ; mais, tandis que Dujardin s'occupait de la rédaction de l'ouvrage, Jacquemin explorait les parties du département dont la végétation était le moins connue et parvenait ainsi à fournir à la Commission d'utiles renseignements. La *Flore* de 1833 lui est donc redevable de précieuses indications.

Il fut en relations suivies avec Derouet et Frédéric Leclerc, et leur donna, particulièrement en 1834 et 1835, un certain nombre de plantes, la plupart exotiques, conservées encore aujourd'hui dans les herbiers de ces botanistes.

Jacquemin. qui exerçait la profession d'architecte, était chevalier de la Légion d'honneur depuis dix ans déjà, lorsqu'il mourut à Tours, le 24 novembre 1853.

Le Dr F.-H. LAFON (père)

François-Hilaire Lafon, fils de Jean-Jacques Lafon, docteur en médecine à Chinon, et de Marie Gilloire de Contehault, naquit en 1772 à Fenassé (Tarn), qui était aussi le pays natal de son père. Reçu médecin, il se fixa à Chinon et épousa, le 18 pluviose an IX, la fille aînée de Chesnon de Baigneux, ancien député de Touraine aux Etats généraux, maire de la ville à diverses reprises et plus tard président du Tribunal civil.

Le Dr Lafon était un homme intelligent et un médecin distingué. Il exerça honorablement sa profession et ne cessa jusqu'à sa mort (10 juillet 1848) d'être entouré de l'estime et de la considération de ses concitoyens.

Il s'était adonné à l'étude des plantes et avait beaucoup herborisé aux environs de Chinon Il avait ainsi formé, à la fin du xviiie siècle et dans les premières années du xixe, un herbier classé d'après le système de Linné. Malheureusement les plantes composant cette collection étaient pour la plupart très incomplètes et réduites à des sommités fleuries; elles étaient en outre dépourvues de toute indication de provenance.

Indépendamment de cet herbier, le Dr F.-H. Lafon a laissé un catalogue manuscrit des plantes d'Indre-et-Loire, daté de 1808 et intitulé : *Catalogus plantarum quæ in horto Turonensi spontè nascuntur*.

Ce travail, qui est entre mes mains, contient l'énumération de 360 espèces environ, classées comme l'herbier d'après le système de Linné, et dont quelques-unes ont été récoltées dans des jardins. Il semble avoir été fait consciencieusement. Les plantes n'y ont pas été inscrites d'un seul jet ; beaucoup d'entre elles ont été ajoutées après coup et sans doute à mesure qu'elles étaient récoltées et déterminées. C'est ainsi que les espèces d'un même genre se trouvent parfois séparées les unes des autres.

Il ne contient, selon toute probabilité, que des plantes recueillies et nommées par l'auteur. On voit, du reste, qu'il est l'œuvre d'un botaniste herborisant seul, sans le secours d'un maître, et négligeant à dessein les espèces d'une détermination difficile. On n'y trouve, en effet, ni graminées, ni cypéracées, ni joncées, ni salicinées et très peu de crucifères.

Il est probable que ce n'était en quelque sorte que le catalogue de l'herbier, et que ce dernier avait été formé presque exclusivement aux environs de Chinon. Il m'est impossible, toutefois, de garantir l'exactitude de la détermination des plantes portées sur ce catalogue. Cependant, la plupart des espèces notables, existant encore dans le rayon de la flore chinonaise, on peut en conclure qu'elles avaient été bien nommées. Ce sont, notamment : *Anemone Pulsatilla, Alyssum montanum, Silene Otites, Hypericum montanum, Ornithopus ebracteatus (O. durus), Coronilla scorpioides, Rhamnus Alaternus, Spiræa Filipendula, Hippuris vulgaris, Laserpitium latifolium, Dipsacus pilosus, Xanthium strumarium, Campanula rapunculoides, Phyteuma orbiculare, Limnanthemum nymphoides, Asperugo procumbens, Veronica verna, Phalangium ramosum, Ophrys myodes, Epipactis rubra*.

Plusieurs des plantes inscrites sur le catalogue : *Althœa cannabina, Verbascum nigrum* et quelques autres, sont, il est vrai, inconnues aux environs de Chinon, mais elles existent sur d'autres points du département ou dans les provinces voisines, où le Dr Lafon les avait peut-être recueillies. Il ne serait pas impossible, du reste, de les rencontrer dans le Chinonais.

D'autres, enfin, n'ont certainement été signalées que par suite d'erreurs de détermination, notamment : *Campanula petrœa, Phyteuma hemisphericum, Plantago Cynops*, que ce botaniste avait, sans aucun doute, confondues avec des espèces tourangelles appartenant aux mêmes genres.

Lorsque je vis cet herbier, il y a bien longtemps déjà, il était en très mauvais état, j'ignorais l'existence du catalogue et je ne songeai nullement à prendre des notes sur les plantes composant cette collection, peut-être détruite aujourd'hui. Il m'est donc impossible de dire si ces plantes correspondaient bien à celles du catalogue.

Quoi qu'il en soit, le Dr F.-H. Lafon a certainement sa place marquée parmi les botanistes tourangeaux.

Le Dr Hilaire LAFON (fils)

Fils du précédent et de Julie-Marguerite Chesnon de Baigneux, le Dr Hilaire Lafon naquit à Chinon, le 1er germinal an XII (22 mars 1804). S'il n'avait suivi que ses goûts, il se serait adonné à l'étude de la littérature et du droit, mais son père ayant décidé d'en faire un médecin, il obéit et après avoir obtenu à Paris, le 5 mai 1826, le diplôme de docteur en médecine, il vint se fixer dans sa ville natale où il se concilia bientôt l'estime de la population tout entière.

D'un caractère doux et bon, d'un tempérament éminemment impressionnable, il lui répugnait de faire la moindre opération chirurgicale. Aussi se livra-t-il exclusivement à l'exercice de la médecine.

Clinicien habile et consciencieux, médecin dévoué autant que désintéressé, il prodiguait indistinctement les soins les plus assidus à tous ceux qui les lui réclamaient, sans s'inquiéter s'il recevrait en échange les honoraires auxquels il avait droit ou même une simple marque de reconnaissance.

Doué d'une intelligence remarquable, d'une grande délicatesse de sentiments, il possédait aussi à un très haut degré toutes les qualités qui caractérisent l'homme de bonne compagnie.

Il exerça la médecine aussi longtemps que sa santé le lui permit, et il mourut à Chinon le 1ᵉʳ février 1881.

Nommé en 1829 membre correspondant de la Société médicale d'Indre-et-Loire, il avait publié, la même année, dans le *Bulletin* des travaux de cette Compagnie, plusieurs observations intéressantes, ainsi qu'une notice nécrologique sur son compatriote et ami, le Dʳ François Desmée fils, qui venait d'être enlevé à la fleur de l'âge.

Comme son père, le Dʳ Hilaire Lafon s'occupa de botanique et forma, au début de sa carrière médicale, un herbier composé de plantes recueillies aux environs de Chinon, toutes bien préparées, bien nommées et réunies en plusieurs volumes in-folio.

Cet herbier, que j'ai parcouru autrefois en présence de l'auteur, portait sur la couverture des cartons la date de 1828. Il contenait plusieurs des raretés signalées précédemment à Chinon par du Petit-Thouars et Bastard, ainsi qu'un certain nombre de celles qui devaient y être recueillies plus tard par mon père, par l'abbé Coqueray et par moi-même. Je me rappelle y avoir vu, notamment, la *Sedum anopetalum* et le *Carduus crispus*. Malheureusement, comme cela se pratiquait souvent alors, les étiquettes ne portaient ni le lieu ni la date de la récolte.

Cet herbier prouvait néanmoins que le Dʳ Lafon connaissait bien les plantes et qu'il avait exploré avec fruit les environs de Chinon. Aussi, n'ai-je pas voulu passer sous silence le nom de ce médecin distingué, dont la modestie et l'affabilité égalaient le talent et l'érudition.

Ernest LAIR

Né à Saint-Hilaire-du-Harcouët (Manche), le 1er avril 1838, Ernest-Louis Lair étudia la pharmacie, fut reçu interne des hôpitaux de Paris en 1865, et deux ans après quitta la capitale pour s'installer à Amboise, comme pharmacien.

Il s'était toujours occupé de botanique. Aussi explora-t-il avec soin les environs de cette ville dont la végétation est si riche et si variée. Il y retrouva la plupart des plantes indiquées ou tout ou moins récoltées auparavant par mon père, par l'abbé Chivert et par divers autres botanistes, et sut même enrichir la flore de ce canton de quelques espèces nouvelles, dont une des plus intéressantes est incontestablement le *Cytisus purgans* qu'il découvrit dans l'île de Négron.

Obligé, pour raison de santé, de céder son officine, il en abandonna la direction le 31 décembre 1882. Il dut dès lors cesser complètement ses herborisations et, malgré les soins éclairés et dévoués dont il ne cessa d'être entouré, il mourut à Blois le 20 avril 1886.

Auguste LECLERC

Vers 1876, M. Drouyn de Lhuys, ancien ministre, alors président de la Société paternelle de Mettray, en même temps que de la Société des Agriculteurs de France, eut la pensée de fonder à Mettray, où il était facile de créer des champs d'expérience, un laboratoire de chimie agricole. Ce laboratoire fut édifié à ses frais sur le domaine de la colonie, et la direction en fut confiée à un physiologiste, Auguste Leclerc, qui, après être resté quelques années à la tête de l'établissement, le quitta pour aller diriger, à Paris, le laboratoire de chimie végétale de la Compagnie générale des voitures.

Auguste Leclerc était membre de la Société botanique de France. Il connaissait les plantes, mais je ne pense pas qu'il ait sérieusement herborisé pendant son séjour à Mettray. Ses études avaient surtout pour but la physiologie expérimentale des végétaux.

Il a publié divers travaux sur les questions agricoles et a donné dans les *Annales des sciences naturelles* un important mémoire sur la transpiration des plantes.

Décédé à Paris le 20 juin 1890, il était né en 1839 à Vergaville (Meurthe), qui fait aujourd'hui partie de la Lorraine allemande.

Le Dr Frédéric LECLERC

Fils de Louis-René-Luc Leclerc, qui fut plus tard médecin en chef de l'hospice général, et de Emmanuelle-Aimée Duchâtel, Louis-Joseph-Frédéric Leclerc naquit à Tours le 22 septembre 1810.

Au sortir du collège, il étudia la médecine et commença aussitôt à s'occuper d'histoire naturelle et en particulier de botanique. Son herbier contient, en effet, des plantes récoltées dès 1828. Il put donc, quelques années après, fournir des renseignements à la Commission chargée de rédiger la *Flore d'Indre-et-Loire*. C'est ainsi que cet ouvrage signale d'après lui le *Cytisus supinus* (sous le nom de *C. capitatus*) dans la forêt de Chinon, et l'*Hippuris vulgaris* dans l'étang de Rillé.

Bretonneau, qui avait toujours cultivé la botanique, contribua sans doute à lui faire aimer cette science. Très lié avec la famille Leclerc, il donna à Frédéric, dès 1829, un certain nombre de plantes pour son herbier. Il lui ouvrit en même temps son magnifique jardin de Palluau, où le jeune naturaliste puisa largement, prenant soin toutefois d'indiquer l'origine des espèces qu'il y récoltait, en inscrivant sur les étiquettes ces mots : *in horto Paluano* ou *hortus Paluanus*.

Cependant Fr. Leclerc ne tarda pas à étendre le cercle de ses explorations. En 1833, il se familiarisa avec la flore des côtes de l'Océan, en visitant les environs de La Rochelle et l'île d'Oléron ; avec la flore de la région méditerranéenne, en herborisant aux environs de Perpignan et de Collioure ; enfin, avec la végétation si riche de la chaîne des Pyrénées orientales, en explorant le Canigou, les monts Albères, etc.

Les botanistes tourangeaux qui vivaient alors : Derouet, Jacquemin, Delaunay, contribuèrent également à enrichir son herbier.

Tout en s'occupant ainsi de botanique, Fr. Leclerc terminait ses études médicales, et le 23 mai 1835 il soutenait brillamment à Paris sa thèse inaugurale.

Il revint alors à Tours, où Bretonneau, qui lui témoignait une affection toute paternelle, chercha à le retenir. Ce fut en vain : l'humeur aventureuse du jeune naturaliste ne pouvait s'accommoder de cette vie monotone. Il partit pour l'Amérique au commencement de 1837, et visita cette même année la vallée de l'Ohio et en particulier les environs de Cincinnati. L'année suivante il explora la Virginie, notamment les environs de Charleston. Mais ses recherches se portèrent surtout sur le Texas, qui venait de secouer le joug du Mexique. Il y fit un long séjour, étudiant tout à la fois la flore de cette province, la constitution géologique du sol, et la situation politique et économique du pays. Etant venu à la Nouvelle-Orléans pour y prendre son courrier, il y gagna la fièvre jaune, et se décida à rentrer en France lorsqu'il fut rétabli.

A son retour, il donna, dans la *Revue des Deux-Mondes*, un travail sur *Le Texas et sa Révolution*, remettant à une époque ultérieure la publication du résultat de ses recherches botaniques et géologiques.

Frédéric Leclerc fut alors nommé médecin en chef de l'hospice général, en remplacement de Bretonneau, qui s'était désisté de cette fonction en sa faveur, puis, l'année suivante, professeur d'histoire naturelle à l'Ecole de médecine que l'on venait d'organiser.

Pendant l'été de 1840, et avant de prendre possession de son service à l'hôpital, il explora le Puy-de-Dôme. Mais les devoirs que lui imposa bientôt sa nouvelle situation lui firent dès lors négliger un peu la botanique. Cependant, en 1860, il visita la Provence et les Alpes-Maritimes, d'où il rapporta pour son herbier des plantes intéressantes. Comme professeur d'histoire naturelle à l'Ecole, il dirigeait du reste chaque année quelques herborisations, au cours desquelles il initiait les élèves à la flore des environs de Tours.

Le Dr Leclerc avait toujours nourri l'espoir de retourner en Amérique et de visiter une seconde fois le Texas pour compléter ses études sur l'histoire naturelle de ce riche et intéressant pays. A la fin de 1871, il mit ce projet à exécution; mais, après un séjour de quelques années dans le Nouveau Monde, il y mourut sans avoir publié les documents qu'il avait réunis.

Son herbier, un peu en désordre et non empoisonné, a été donné par sa veuve, en 1892, à l'Ecole de médecine et de pharmacie de Tours. Il ne présente pas, au point de vue de la flore locale, l'intérêt que l'on pourrait croire. A part quelques plantes, ordinairement rares, la plupart des espèces tourangelles ne portent pas le nom de la localité d'où elles proviennent, mais simplement cette mention : *in agro Turonensi*. J'ai cependant relevé, en parcourant cette collection, les indications suivantes : *Gnaphalium silvaticum*, bois de Baudry (Delaunay) ; *Inula Helenium*, forêt de Chinon ; *Stachys alpina, in agro turonensi*, Conichar près Châteaurenault; *Paris quadrifolia*, forêt de Chinon, 1828 ; *Epipactis ensifolia*, Véretz; *Epipactis microphylla*, Montbazon ; *Neottia Nidus-Avis*, le Petit-Bois ; etc.

Indépendamment de sa thèse : *Essai sur les Epispastiques*, d'un mémoire présenté en 1836 à la Société médicale d'Indre-et-Loire sur le siège de la dysenterie et des lésions qu'elle produit, de son travail sur le Texas, déjà cité, et de quelques observations insérées dans le *Bulletin de la Société médicale d'Indre-et-Loire*, le D[r] Fr. Leclerc a publié un mémoire sur la *Médication curative du Choléra asiatique*, qui a eu plusieurs éditions (1855, 1856, 1859, 1865); un travail sur la *Médication curative de la Dysenterie aiguë et de la Dysenterie chronique* (1857); des *Recherches physiologiques et anatomiques sur les mouvements des végétaux et en particulier de la Sensitive* (1859, 1861); un discours sur *Le Choléra indien*, prononcé en 1868 et imprimé l'année suivante, et divers autres travaux.

LEHOUX

Né à Beaumont-la-Ronce le 31 août 1853, Gustave-Marie-Victor Lehoux embrassa la carrière si ingrate mais si méritoire de l'enseignement primaire, et fut appelé à diriger successivement les écoles communales de Berthenay (1877) de Restigné (1881) et de Neuvy-le-Roi (1888).

Il employait une partie de ses loisirs à étudier la botanique et il forma ainsi un herbier de plantes récoltées tant dans ces localités que dans les communes voisines. Cette collection, divisée en plantes agricoles, médicinales, vénéneuses et industrielles, ne renferme pour ainsi dire que des plantes vulgaires. Cependant on y voit, parmi les plantes agricoles des prairies naturelles, l'*Ægilops orata* et le *Melica ciliata* (*sensu lato*) étiquetés comme ayant été récoltés à Neuvy, au mois de juillet 1890. Ces plantes, en admettant qu'elles proviennent réellement de cette localité, y étaient-elles bien spontanées? Il est permis de se le demander. Quoi qu'il en soit, leur détermination est exacte — je m'en suis assuré — et l'examen du catalogue de l'herbier, que j'ai entre les mains, prouve que M. Lehoux s'est livré à l'étude de la botanique d'une façon plus sérieuse que ne le font ordinairement les instituteurs. Aussi ai-je cru devoir lui consacrer quelques lignes.

Il faisait partie de la Société archéologique de Touraine depuis 1886, et avait publié dans le *Bulletin* de cette société (tome X) un travail historique très documenté sur Neuvy-le-Roi.

Il était allé prendre quelques semaines de repos au bord de la mer, à Sainte-Marie, près de Pornic, lorsqu'il mourut le 5 septembre 1898.

LESÈBLE

Lesèble (Louis-Melchior-Narcisse), qui s'est beaucoup occupé d'agriculture et d'agnonomie, avait dans sa jeunesse étudié la botanique.

Né à La Fère (Aisne) le 8 mai 1799, il eut dès son enfance

un goût très prononcé pour les fleurs, mais sa passion pour les plantes s'accentua surtout lorsque sa famille l'eût envoyé à Paris pour y suivre les cours de la Faculté de médecine. Il se livra alors avec tant de zèle à l'étude de la botanique que ses maîtres le distinguèrent aussitôt parmi ses condisciples et que ceux-ci ne tardèrent pas à apprécier son savoir. C'est ainsi qu'il gagna l'amitié de Desfontaines, de Claude et d'Achille Richard, d'Adrien de Jussieu et de plusieurs autres botanistes distingués.

Tout donnait à penser qu'il se créerait dans la science une brillante situation lorsque, s'étant marié très jeune encore, il abandonna ses études médicales pour s'occuper d'opérations de banque. Cependant il ne délaissa pas complètement la botanique et continua d'y consacrer ses loisirs. Mais, dès ce moment, il dirigea de préférence ses recherches vers l'horticulture et l'agronomie s'appliquant à introduire et à acclimater en France, les plantes les plus intéressantes au point de vue ornemental, industriel ou agricole. Ses efforts furent souvent couronnés de succès, et le Cercle d'horticulture de Paris l'en récompensa en l'élevant à la vice-présidence.

Il était chevalier de la Légion d'honneur depuis 1832, lorsqu'en 1840 il se retira des affaires et vint habiter, à Ballan, la propriété de Rochefuret que, grâce à ses connaissances, il transforma complètement.

Son premier soin, en arrivant en Touraine, avait été d'entrer à la Société d'agriculture d'Indre-et-Loire, et cette Compagnie venait de lui décerner le titre de président honoraire de la section d'horticulture, nouvellement organisée, lorsqu'il mourut à Rochefuret, le 29 mars 1867.

Il n'avait cessé, depuis son départ de Paris, de s'occuper d'horticulture, et il avait été pendant longtemps l'un des membres les plus autorisés de la Commission consultative du Jardin botanique.

Il laissait un herbier assez important, mais non empoisonné, que son fils donna à la ville de Tours. Cette collection, déposée d'abord au Musée, fut installée au Jardin botanique par M. Barnsby, en même temps que l'herbier Derouet.

Elle est renfermée dans 62 boîtes en carton et ne présente aucun intérêt pour la flore locale.

Elle se compose surtout d'échantillons récoltés dans des jardins et des serres, et de plantes ubiquistes dépourvues de toute indication de provenance. On y voit cependant des espèces provenant des environs de Paris, de la Normandie, de la Bretagne, de la Provence, de la Suisse, de l'Italie, récoltées pour la plupart de 1817 à 1825 et recueillies par divers botanistes, notamment par Achille Richard, Adrien de Jussieu, Delacour, Godefroy, Lenormand, Jacquemont, etc.

Oscar Lesèble, fils du précédent, fut également un naturaliste distingué, mais il se spécialisa dans l'étude de la zoologie et de la paléontologie, et publia en 1858 un important ouvrage sur l'histoire des bryozoaires. Né à Paris, le 11 mars 1821, il mourut à Loches, où il se trouvait de passage, le 31 décembre 1877.

DE L'HOPITAL

Né à Neauphle-le-Château (Seine-et-Oise), le 20 mars 1823, Jacques-Célestin-Alphonse de l'Hopital appartenait à l'Université depuis plus de dix ans lorsqu'il fut nommé au lycée de Caen, par arrêté du 27 septembre 1854. Il y professa d'abord les mathématiques, puis les sciences physiques et naturelles ; se lia avec les botanistes de la région et en particulier avec MM. Morière, Perrier et de Brébisson ; fit de fréquentes herborisations dans le Calvados et enrichit de ses découvertes la flore de ce département.

Nommé à Cluny le 30 septembre 1866, il passa, l'année suivante, au Lycée de Tours, où il fut chargé, par arrêté du 20 septembre 1867, d'enseigner les sciences physiques et naturelles.

A peine fut-il installé dans cette nouvelle résidence qu'il entra en relations avec les quelques botanistes existant alors à Tours, notamment avec MM. Chambert et Delaunay, qui le guidèrent aux environs de la ville, lui signalèrent les localités

du département les plus intéressantes à visiter et lui faci-
litèrent ainsi la récolte des raretés de la flore tourangelle.

M. de L'Hopital ne se contentait pas d'étudier les phanérogames ; il recueillait aussi les cryptogames, notamment les
mousses et les lichens qu'il connaissait bien. Il collectionnait
enfin les mollusques terrestres et aquatiques, dont il découvrit
dans la région plusieurs espèces intéressantes.

Il était à Tours depuis moins de six ans lorsqu'il mourut
dans cette ville le 18 juin 1873.

Les Drs LINACIER (père et fils)

Pierre-François Linacier (premier du nom) naquit à Cou-
ziers, près Chinon, le 30 août 1736. Il était fils de François
Linacier, fermier du Prieuré, et de Jeanne Nau.

Après avoir terminé ses études médicales, il vint se fixer
à Chinon, où il exerça la médecine avec succès. Ce fut non
seulement un praticien distingué mais encore un savant. Il
avait le titre de médecin du Roi, était membre associé de la
Société royale de médecine de Paris et intendant des eaux de
Joannette, Candé, Bournand, Bilazais, etc.

Ses recherches et ses publications sur les eaux minérales
naturelles de la région sont nombreuses. Il a donné des analyses détaillées des eaux de Candé, près de Loudun, dans la
Vienne ; de Bilazais, près de Thouars, dans les Deux-Sèvres ;
de Joannette, près de Martigné-Briant, en Maine-et-Loire. On
lui doit aussi des analyses sommaires des eaux de Château-
Gontier, dans la Mayenne ; de Chemillé, de Chaumont, de
Durtal et de Montigné, en Maine-et-Loire ; de La Roche-Po-
say, de Cernay (source du Sentinet), des Trois-Moutiers
(source du Verger-Mondon) et de Saint-Laon, dans la Vienne ;
de Château-la-Vallière, de Vaujours, de Semblançay, de Vei-
gné, de Vallères et de Turpenay, en Indre-et-Loire. Enfin il
a publié des observations sur les propriétés de ces eaux et
des instructions détaillées sur l'emploi de plusieurs d'entre
elles. Ces travaux ont été imprimés dans les traités spéciaux

de Raulin (1) et de Carrère (2), dans *La Nature considérée*, les *Affiches du Poitou* et plusieurs autres recueils périodiques.

Le Dr Linacier avait de belles relations et entretenait des correspondances avec un grand nombre de médecins distingués de Paris et de l'étranger, ainsi qu'avec les hommes les plus érudits de la région : Jouyneau des Loges, dom Fonteneau, etc.

Il avait toujours aimé les plantes et il cultiva la botanique jusqu'à sa mort, qui survint le 13 juin 1810.

Pierre-François Linacier (2e du nom), fils du précédent et de Marie-Françoise Bourland, naquit à Chinon le 13 octobre 1772. Il fut, comme son père, un médecin distingué et il eût sans doute, comme lui, acquis un grand renom, si la Révolution, survenue à l'époque où il atteignait l'âge d'homme, n'eut porté un coup funeste à ses études médicales et scientifiques. Il s'occupa également de botanique et mourut à Chinon le 28 août 1822.

Le Dr Linacier père est, à ma connaissance, le premier médecin chinonais qui se soit occupé de l'étude et de la recherche des plantes. Son fils s'en occupa également. Ils passaient l'un et l'autre pour bien connaître la flore du pays, et quelques années avant la mort du père ils communiquèrent à Bastard, alors directeur du Jardin d'Angers, une liste d'espèces intéressantes qu'ils disaient avoir récoltées aux environs de Chinon et que le botaniste angevin signala en 1812, dans son *Supplément à l'Essai sur la Flore de Maine-et-Loire*.

Je me dispenserai de reproduire cette liste que j'ai donnée en parlant de Bastard. Je rappellerai seulement que ce dernier, étant venu à Chinon pour examiner les découvertes des médecins chinonais, éprouva une amère déception en ne

---

(1) *Traité analytique des eaux minérales, de leurs propriétés et de leur usage dans les maladies*, par M. Raulin. 2 vol. in-12. Paris, Vincent, 1774.

(2) *Catalogue raisonné des ouvrages qui ont été publiés sur les eaux minérales....* par M. J.-B.-F. Carrère. 1 vol. in-4°. Paris, Cailleau, 1785.

trouvant dans leur herbier aucune des raretés dont ils lui avaient signalé l'existence (1).

Les docteurs Linacier (tout au moins le père) étaient cependant plus amateurs et plus connaisseurs que ne pourrait le faire supposer la mésaventure dont Bastard fut victime. « Ils possédaient, paraît-il, dans leur bibliothèque, beaucoup de livres de botanique, mais voulant rapporter au *Systema* de Linné toutes les espèces qu'ils trouvaient, ils allaient d'erreur en erreur. C'est ainsi qu'ayant découvert dans les landes du Ruchard le *Gladiolus illyricus*, ils l'avaient nommé *G. trimaculatus* » (Boreau *in litt.*).

Cependant, parmi les plantes qu'ils avaient signalées à Bastard, il en est qu'il ne serait pas impossible de rencontrer dans le Chinonais et qui pourront peut-être, un jour, tomber sous la main de quelque heureux explorateur. Ce sont notamment l'*Ornithogalum nutans*, l'*Anemone silvestris*, le *Ceratocephalus falcatus* et l'*Erodium moschatum*. Leur découverte viendrait enrichir la flore de cette région, déjà si remarquable.

MADELAIN, père et fils

Né à Baugé (Maine-et-Loire), le 14 décembre 1820, Louis-René Madelain fut nommé, le 5 novembre 1853, jardinier en chef du Jardin botanique de Tours, en remplacement de Bussienne, son beau-frère, dont il était le collaborateur depuis la création du jardin.

C'était un jardinier d'une rare valeur. Il aimait les plantes et connaissait bien la flore du pays. Cependant, il herborisa peu, en raison de son état de santé; mais, au dire de M. Barnsby qui, pendant longtemps l'eut sous ses ordres, il se consacra avec le dévouement le plus louable à l'entretien du jardin et ses cultures furent toujours irréprochables.

Il prit sa retraite le 25 avril 1878 et mourut à Tours le 14 novembre 1885.

---

(1) Voir, à ce sujet, l'article consacré à Bastard.

Son fils, Louis-Ernest Madelin (*sic*), né à Tours le 13 avril
1850, lui succéda le 25 avril 1878. Il aimait, lui aussi, passionnément les plantes, et il continua comme jardinier les
traditions paternelles. Il herborisa plus que son père, enrichit les collections du jardin et devint bientôt un jardinier-
chef fort distingué. Mais sa santé, naturellement délicate, ne
tarda pas à être profondément ébranlée, et il mourut, étant
encore en fonction, le 27 octobre 1893.

MARGUERON

Fils de Charles Margueron, marchand cirier, et de Fran-
çoise Roulet, Jean-Anthyme Margueron naquit à Tours le
12 juin 1771.

S'étant engagé, en 1793, dans un bataillon de volontaires
qui allait combattre l'insurrection vendéenne, il fut blessé
à Chemillé et vint se faire soigner à l'hôpital militaire, alors
installé à Marmoutier. Lorsque sa blessure fut guérie, le
pharmacien de cette ambulance, Metgès, qui l'avait remar-
qué et avait su l'apprécier, le conserva près de lui et le fit at-
tacher à l'armée en qualité de pharmacien de 3° classe.

Margueron entra bientôt après, comme élève, à l'hôpital
militaire du Val-de-Grâce, où il remporta, en l'an VI et en
l'an VII, de brillants succès (prix de botanique et de chimie),
puis il fit, comme pharmacien, les campagnes du Consulat et
de l'Empire, et il était sur le point d'être nommé pharmacien
principal lorsque l'état de sa santé le contraignit, en 1809, à
donner sa démission.

L'année suivante, il prit à Paris le diplôme de pharmacien
et vint à Tours, où Metgès se l'associa et en fit bientôt son
successeur.

Ayant lui-même cédé son officine en 1830, Margueron
voulut consacrer à des œuvres utiles la plus grande partie
d'un héritage considérable qu'il venait de faire. C'est alors
qu'il reprit le projet, conçu quelques années auparavant par
Auguste Duvau, de créer à Tours un jardin botanique. Après
des démarches qu'il dut réitérer à diverses reprises, de 1832

à 1842, il finit par obtenir des pouvoirs publics l'autorisation nécessaire.

La commission administrative de l'hospice, dont il venait d'être nommé vice-président, avait facilité cette décision en abandonnant, pour la création du jardin, les marécages de l'ancien Ruau Sainte-Anne. Ces terrains, très bas, avaient besoin de remblais considérables, mais cette difficulté n'arrêta pas Margueron, qui se mit résolument à l'œuvre et hâta l'exécution des travaux.

A l'automne de 1843, les remblais étaient terminés ; le 9 novembre, on posait la première pierre des serres et de l'orangerie ; et le premier juillet de l'année suivante, l'Ecole de botanique était ouverte aux étudiants.

Margueron avait, a-t-on dit, dépensé de ses deniers plus de 80.000 francs pour mener à bien cette entreprise qui avait le double avantage de créer un superbe jardin et d'assainir tout un quartier de la ville.

Investi de la direction de l'établissement (21 octobre 1842), il sut, avec le concours intelligent et dévoué du jardinier en chef, Bussienne, nommé en même temps que lui, donner aux cultures un développement rapide. L'Ecole de botanique, qui lors de l'ouverture comptait environ 2.000 espèces, en réunissait en effet plus de 6.000 au mois d'août de l'année suivante (1).

Cependant, son grand âge le contraignit bientôt à se décharger d'une partie du labeur que lui imposait cette fonction. On lui adjoignit, sur sa demande, M. Tassin, alors pharmacien en chef de l'hospice, qui, d'abord directeur-adjoint (5 décembre 1846), fut ensuite nommé « directeur pour la partie scientifique » (14 décembre 1849).

Comme vice-président de la Commission administrative de l'hospice, Margueron conservait encore la haute direction du jardin ; mais il ne tarda pas à faire comprendre à ses collègues que l'état de sa santé ne lui permettait plus de secon-

---

(1) Margueron, *Rapport historique sur la fondation du Jardin Botanique de Tours*. Tours, 1845.

der seul le nouveau directeur. On institua alors une commis·
sion spéciale, dite « Commission consultative », indépendante
de la commission administrative de l'hospice, et chargée de
régler tout ce qui concernait la partie scientifique du jardin.
Cette commission, nommée le 8 mars 1850, fut divisée par
un arrêté préfectoral en date du 30 mars 1852, en deux commissions distinctes, l'une administrative, l'autre consultative. Le 8 juillet de la même année, Margueron, devenu tout
à fait impotent, cessa de faire partie de la commission administrative de l'hospice. Il vécut dès lors très retiré et mourut le 1er février 1850, après avoir reçu, le 15 août précédent,
la croix de la Légion d'honneur.

La ville perdait en lui un philantrope et un savant.

Dès son installation comme pharmacien à Tours, Margueron avait été admis à la Société médicale d'Indre-et-Loire
(1811). Quelques années après, il faisait partie de la Société
d'agriculture et, en 1830, l'Académie royale de médecine se
l'attachait en qualité de membre correspondant.

Il s'était toujours adonné à l'étude des sciences physiques
et naturelles. Il avait analysé les eaux des sources de la vallée de Rochecorbon (1826); avait fait de savantes recherches
sur la matière colorante du *Polygonum tinctorium* (1838-1841),
sur la teneur en huile des graines du *Madia sativa* (1840),
etc. Il avait enfin publié, en 1845, un *Rapport historique sur
la fondation du Jardin botanique*.

Lorsqu'en 1830, la Société d'agriculture d'Indre-et-Loire
se divisa en deux sections, Margueron fut appelé à présider
la section des sciences; et, deux ans après, lorsque cette
Compagnie eut décidé de publier la Flore du département,
ses collègues le désignèrent pour faire partie de la Commission chargée de rédiger ce travail. Son rôle fut cependant
assez effacé, semble-t-il, dans cette circonstance, et c'est surtout comme fondateur du Jardin botanique de Tours que les
disciples de Flore doivent honorer sa mémoire.

MASSON

Né à Lépinoy (Pas-de-Calais), le 3 octobre 1828, Henri-François Masson entra le 12 mai 1857 à la colonie pénitentiaire de Mettray, d'où il passa à la Maison paternelle, en qualité de surveillant, le 1er novembre 1868. Il exerça cette fonction jusqu'à sa mort (1er décembre 1892) tout en donnant aux élèves des leçons de français et de botanique.

Pendant les 35 années qu'il resta à Mettray, M. Masson ne cessa de cultiver la botanique et de consacrer à des herborisations aux alentours de la Colonie les rares moments de liberté que lui laissaient ses occupations. Aussi, était-il arrivé à bien connaître la flore de cette région, dans laquelle il avait découvert quelques espèces intéressantes.

Sa veuve conserve son herbier.

MOREAU

Né à Chailles (Loir-et-Cher) le 11 juillet 1821, Charles-Benoist Moreau fut reçu pharmacien à Tours en 1850 et s'établit à Blois. Après avoir exercé honorablement sa profession dans cette ville jusqu'en 1884, il céda son officine et, dix ans plus tard, il vint demeurer à Tours où il mourut le 28 décembre 1899.

Pendant son séjour à Blois, Moreau s'était constamment livré à l'étude des plantes. Il avait beaucoup herborisé et avait recueilli aux environs de cette ville un grand nombre d'espèces intéressantes, tant phanérogames que cryptogames. L'un des premiers, il avait donné son adhésion à la constitution de la Société d'histoire naturelle fondée à Blois en 1883, et il avait publié, la même année, dans le *Bulletin* de cette Société (n° 1 p. 35), une liste de plantes rares récoltées dans le rayon de la flore blésoise, et l'année suivante (n° 2, p. 53), un *Catalogue des hépatiques, mousses et fougères des environs de Blois.*

Retiré à Tours, à partir de 1894, il continua à s'occuper de botanique et eut la bonne fortune de trouver dans notre département, particulièrement aux environs de Tours et de Loches, quelques espèces intéressantes. Je ne puis, faute de renseignements suffisants, donner des détails sur les découvertes qu'il fit dans ces localités. Je dirai seulement que je recueillis avec lui, à Tours, dans la rue François-Arago, le *Bromus madritensis*, qui m'était encore inconnu en Indre-et-Loire, et qu'il retrouva plus tard à Joué, sur les talus de la ligne de Bordeaux. Mais, pendant son séjour en Touraine, les mousses captivèrent surtout son attention et il en fit, paraît-il, une abondante moisson.

MÔRIET

Jean-Marie Moriet naquit à Neuillé-Pont-Pierre le 16 novembre 1825. Après avoir accompli son service militaire, il entra comme professeur au collège d'Amboise qu'il quitta, étant directeur, lors de la transformation de cet établissement en école primaire supérieure. Il fut alors nommé professeur de rhétorique à la Maison paternelle de Mettray (14 octobre 1867), puis censeur des études (1er juillet 1881), et il se disposait à prendre sa retraite lorsqu'il mourut le 10 décembre 1894. Il avait été nommé officier d'académie le 18 janvier 1883.

C'était un travailleur et un érudit. Il parlait couramment l'anglais et l'espagnol, et possédait aussi l'arabe et l'italien qu'il avait appris pendant les séjours qu'il avait faits, comme militaire, en Algérie et à Rome.

Il aimait les sciences naturelles et cultivait la botanique, mais, tout en connaissant bien les plantes, leur étude n'était pour lui qu'un agréable passe-temps; il ne formait pas d'herbier.

LE Dr LÉON MOYSANT

Le Dr Léon Moysant, né à Neuillé-Pont-Pierre, le 13 mai 1824, avait fait des études médicales très sérieuses et couronnées de succès, à Tours d'abord, puis à Paris, où il avait été reçu interne des hôpitaux en 1853. Il eût donc pu, en s'établissant dans une grande ville, se créer une belle situation. Mais c'était un modeste, et après avoir terminé ses quatre années d'internat et pris, en 1858, le diplôme de docteur, il préféra se fixer près de son pays natal, à Neuvy-le-Roi. Il venait, à ce moment, d'être nommé membre de la Société botanique de France.

Il avait toujours aimé l'histoire naturelle et s'était tout particulièrement occupé de botanique pendant le cours de ses études. Lorsqu'il fut établi en Touraine, il continua de cultiver cette science en étudiant la végétation des environs de Neuvy et de Nouillé. Il connaissait bien, m'a-t-on dit, la flore de ces cantons, mais il n'a, paraît-il, pas laissé d'herbier et j'ignore quelles sont les plantes intéressantes qu'il a pu recueillir dans cette région.

Après avoir, pendant 34 ans, prodigué ses soins à ses compatriotes, il quitta Neuvy et se retira à Quimper, où il mourut le 14 mars 1900.

Le comte ODART

Le comte Alexandre-Pierre Odart, né au château de Prézeaux, commune de Parçay-sur-Vienne, le 1er mai 1778, fit ses études à Pont-le-Voy et entra plus tard à l'Ecole polytechnique.

Il s'occupa beaucoup de viticulture, et les connaissances qu'il avait acquises sur cette matière le firent désigner par le gouvernement, en 1839, pour aller étudier en Hongrie les célèbres vignobles de Tokay. A son retour, il prit à tâche de réunir dans sa propriété de La Dorée les meilleurs cépages connus et il résuma le résultat de ses observations dans deux ouvrages estimés : L'*Ampélographie universelle* et le *Manuel du vigneron*.

Lors de la publication de la *Flore d'Indre-et-Loire*, en 1833, le comte Odart fournit à la Commission chargée de rédiger ce travail de précieuses notes sur la vigne, sur les arbres fruitiers et les plantes le plus généralement cultivées en

Touraine. C'est en raison de cette collaboration qu'il a sa place marquée parmi les botanistes Tourangeaux.

Il était chevalier de la Légion d'honneur et vice-président de la Société d'agriculture lorsqu'il mourut à Tours le 20 août 1866.

PARMENTIER

Né à Marquise (Pas-de-Calais) au mois d'avril 1777, Parmentier (Jean-Louis-Jacques-Henri) fit, comme pharmacien militaire, les campagnes de la République et de l'Empire. Reçu pharmacien à Tours, le 8 août 1809, il fut aussitôt nommé pharmacien en chef de l'hospice général de cette ville. Bientôt après il fit partie de la Société d'agriculture d'Indre-et-Loire, ainsi que de la Société médicale, dont le *Bulletin* publia en 1817 un mémoire de ce savant sur les propriétés émétiques de la racine de violette.

Parmentier, qui employait ses loisirs à étudier la botanique, communiqua quelques renseignements à la Commission chargée, en 1833, de rédiger la flore du département. Mais, parmi les plantes qu'il signala en Touraine, il en est qui n'ont pas été retrouvées dans les localités où il disait les avoir observées. C'est, en effet, sur ses indications, que cet ouvrage mentionne à Savonnières le *Gnaphalium dioicum*, et que la Flore française de 1805 signale à Joué le *Serapias Lingua* (Blanchet *in litt.*).

Parmentier, dont la pension de retraite avait été liquidée par une ordonnance royale du 14 juillet 1837, cessa ses fonctions de pharmacien en chef le 1ᵉʳ juillet de l'année suivante, mais il continua de résider à Tours et mourut dans cette ville le 2 août 1865. Il laissait un fils, Henri-Louis, alors docteur en médecine à Paris.

Louis PORCHER

Fils d'un jardinier-fleuriste de Tours, Sylvain-Louis Porcher naquit dans cette ville le 8 mai 1808.

Il embrassa la profession de son père, mais tout en s'occupant d'horticulture, il étudia avec un zèle des plus fervents la botanique, la zoologie et la minéralogie.

Dès le mois de janvier 1835, il présenta à la Société d'agriculture d'Indre-et-Loire un mémoire intitulé : *Essai sur l'organographie phytologique*, que cette compagnie accueillit avec bienveillance et inséra dans ses *Annales*. Il faisait alors de fréquentes herborisations aux environs de Tours et s'éloignait même parfois de cette ville pour visiter les forêts de Loches et de Chinon, les environs de Marçon (Sarthe), etc. Il était en relation avec les botanistes tourangeaux vivant à cette époque, particulièrement avec Derouet-Picault, dont l'herbier contient de nombreuses plantes intéressantes provenant de ses récoltes. Je le connus moi-même dans les dernières années de son existence et je reçus de cet excellent vieillard quelques indications.

Lors de la constitution de la Société botanique d'Indre-et-Loire, en 1885, il fut un des premiers à donner son adhésion au comité d'organisation et fut élu, presque malgré lui, vice-président. Mais sa modestie, son grand âge et son état de santé lui firent bientôt résigner cette fonction et il mourut à Saint-Pierre-des-Corps, où il s'était retiré, le 5 mars 1886. Il laissait de superbes collections entomologiques et conchyliologiques.

François PRIMAULT

Jardinier-chef, pendant de longues années, à la ferme-école des Hubaudières, commune de Chédigny, Primault (François-Gabriel-Louis), était né à Ceaux (Manche), le 26 janvier 1816. Il avait beaucoup herborisé dans sa jeunesse et il connaissait bien toutes les plantes vulgaires. Le dimanche pendant la belle saison, il emmenait les élèves à la campagne, leur nommait les espèces qu'ils rencontraient et leur en facilitait l'étude. C'est ainsi qu'il donna le goût de la botanique à M. Audebert, aujourd'hui botaniste très zélé, qui, en sortant des Hubaudières, entra comme jardinier au château des Touches d'où il passa, il y a plus de 25 ans, au château de Candé.

La ferme-école, qui avait été fondée le 1er juillet 1852, fut supprimée en 1880. En quittant cette maison, François Primault resta à Chédigny et se retira au village de Jarry, où il mourut le 7 mai 1895.

Le Dr P. RAMBUR

Le docteur Pierre Rambur était établi à Saint-Christophe depuis de longues années déjà lorsqu'il se fit admettre à la Société botanique de France, en 1854, peu de mois après la fondation de cette compagnie. Mais il quitta bientôt cette localité et, après être resté quelque temps à Tours, il se rendit à Genève, où il mourut en 1871, à l'âge de 70 ans.

Tout en s'occupant de botanique, le docteur Rambur était un entomologiste distingué. Il avait également étudié les dépôts coquilliers des faluns et avait publié, en 1862, dans le *Journal de Conchyliologie*, un mémoire intitulé : *Description des coquilles fossiles des faluns de la Touraine,*

Honoré RICHARD

Pierre-Honoré Richard, né à Courcelles le 9 février 1822, travailla à la fabrication et à la teinture des soieries, à Tours d'abord (jusque vers 1850), puis à Lyon, où il s'occupa aussi beaucoup de politique : il fut, paraît-il, un des fondateurs de l'Internationale.

Obligé de s'expatrier à la suite du mouvement insurrectionnel de 1871, il passa en Italie et resta aux environs de Turin jusque vers 1880. L'amnistie lui ayant permis de rentrer en France, il revint habiter la Touraine, et, après avoir séjourné quelques années à Savigné sur-Lathan, il alla demeurer à La Riche-Extra (1885), puis à Tours (1886) qu'il quitta en 1893 pour se retirer à Hommes.

Il se trouvait depuis près de dix ans dans cette dernière localité lorsque l'état de sa santé le contraignit à aller se faire soigner à l'hospice général de Tours, où il mourut le 18 février 1903.

Honoré Richard avait, paraît-il, étudié la botanique avant d'aller à Lyon et n'avait cessé depuis lors de cultiver cette science. Je n'avais pourtant entendu parler de lui par aucun de nos anciens botanistes tourangeaux, et il semblait connaître peu les plantes lorsque je le vis pour la première fois, en 1885. Il m'avait fait dire qu'il avait rencontré dans le département le *Paronychia argentea*, le *Senecio lividus* et quelques autres espèces dont l'existence était absolument impossible en Indre-et-Loire. Cependant, en présence de l'insistance qu'il mettait à vouloir me les montrer, je me rendis à La Riche, où il habitait, mais, comme je m'y attendais, je ne trouvai dans son herbier aucune des plantes annoncées : le *Paronychia* était l'*Illecebrum verticillatum*, et le *Senecio* était le *vulgaris*.

Doué d'une très grande activité, Honoré Richard entreprit alors, malgré les avis de quelques personnes compétentes, de fonder à Tours une Société botanique. Après avoir moimême longtemps résisté à ses sollicitations, je finis par donner mon adhésion au comité d'organisation qu'il avait formé, et le 15 novembre 1885, dans une réunion tenue à l'Hôtel de Ville de Tours, la société se constituait sous le nom de *Société de Botanique d'Indre-et-Loire* (1). Les statuts, adoptés le même jour, furent approuvés par décision ministérielle du 10 février 1886; puis, à la demande du Bureau,

---

(1) Le Bureau était ainsi composé : Président, *M. Tourlet*, pharmacien à Chinon ; Vice-présidents, *MM. Chaslainyt*, conducteur des ponts et chaussées à Tours, et *Porcher*, naturaliste à Saint-Pierre-des-Corps; Secrétaire, *M. Joulia*, pharmacien à Tours; Trésorier, *M. Trémeau*, pharmacien à Tours ; Membres adjoints au Bureau, *MM. Mercier*, négociant à Tours ; *Bonnardet*, pharmacien à Tours; *Chauvet*, docteur-médecin à Tours; *Roset*, pharmacien à Tours. — M. Porcher ayant donné sa démission de vice-président le 6 décembre et étant du reste décédé le 5 mars de l'année suivante, et M. Roset ayant cédé sa pharmacie et quitté Tours, la Société, dans sa séance du 14 mars 1886, appela à la vice-présidence, en remplacement de M. Porcher, *M. Brissonnel*, successeur de M. Roset. En même temps, *M. Verbeck*, médecin à Tours, fut nommé trésorier en remplacement de M. Trémeau.

un arrêté préfectoral du 17 avril suivant autorisait la société à prendre le nom de *Société botanique d'Indre-et-Loire*.

Cette Société, qui n'a jamais rien publié (1), ne fonctionna en réalité qu'une année. Cependant, elle ne fut officiellement dissoute qu'en 1893. Une partie de l'herbier Richard fut alors achetée à l'aide de quelques fonds disponibles et donnée à la Bibliothèque municipale de Tours, où elle est encore actuellement (2) ; le reste fut conservé par M. Richard et se trouve aujourd'hui chez un de ses neveux, M. Bodu, à Hommes (3).

Les deux parties de cet herbier, tout en présentant nombre d'espèces récoltées par M. Richard (4), se composent surtout de plantes provenant de l'herbier Coqueray et contenues pour la plupart dans des chemises étiquetées par Delaunay, qui avait classé la collection de l'abbé (5). Ces dernières ont été recueillies par Coqueray, Delaunay et leurs correspondants, ou proviennent de l'*Herbier des flores locales de France* de Puel, et surtout du *Flora Galliæ et Germaniæ exsiccata* de Billot, dont l'herbier Coqueray contenait autrefois de nombreux spécimens. Mais beaucoup d'étiquettes ont été refaites en totalité ou en partie, la date et le lieu de la récolte ayant souvent été changés, et M. Richard ayant, souvent aussi, substitué son nom à celui du botaniste qui s'y

(1) Les statuts seuls ont été imprimés et portent par erreur la date du 5 novembre.

(2) Connaissant le peu de valeur de cet herbier qui n'était pas empoisonné et qui, dès cette époque, était attaqué par les insectes, j'avais essayé, mais en vain, de m'opposer à cette décision.

(3) La partie conservée à la Bibliothèque se compose de plusieurs fascicules réunis en un paquet de 30 à 40 centimètres d'épaisseur ; celle qui est à Hommes contient un grand nombre de petits fascicules, formant une épaisseur totale de 80 à 90 centimètres.

(4) La détermination de ces plantes n'est pas toujours exacte. Ainsi, dans la partie de l'herbier conservée à la Bibliothèque, le *Ranunculus tricho-phyllus* est nommé *Hottonia palustris* ; le *Cerastium glutinosum*, *Lysimachia stellata* ; et l'*Holosteum umbellatum*, *Androsace Chamæjasme*.

(5) Les noms inscrits sur ces chemises ne correspondent généralement pas aux plantes qui s'y trouvent contenues.

trouvait primitivement, voulant probablement faire savoir ainsi qu'il avait observé la même plante au lieu et à la date indiqués.

On est enfin profondément surpris de voir dans cet herbier des espèces tout à fait étrangères à la région et qui cependant sont étiquetées comme ayant été trouvées en Touraine (1). M. Richard, croyant sans doute reconnaître dans ces espèces des plantes qu'il avait observées en Indre-et-Loire, a inscrit sur leurs étiquettes le nom de la localité où il pensait les avoir vues. Ces étiquettes sont écrites tantôt sur le revers de l'étiquette primitive, qui donne l'origine réelle de la plante, tantôt et plus souvent sur le revers d'une autre étiquette ou sur du papier blanc, la nouvelle étiquette étant alors parfois collée sur l'ancienne.

Ces modifications regrettables enlèvent à cette collection tout caractère d'authenticité et doivent, ce me semble, empêcher de tenir compte des indications qui s'y trouvent consignées et parmi lesquelles il peut cependant y en avoir d'exactes.

ROLLAND, père et fils

Rolland (Pierre), que Dujardin cite dans la préface de la Flore d'Indre-et-Loire, comme lui ayant fourni quelques renseignements, était très lié avec la famille Delaunay et demeurait alors à Tours.

Son fils, Pierre-Albert, manufacturier à Bessé-sur Braye (Sarthe), où il est décédé le 12 avril 1896, à l'âge de 57 ans,

---

(1) C'est ainsi que dans la partie de l'herbier conservée à la Bibliothèque, les *Linaria origanifolia, Kochia arenaria, Salicornia herbacea, Crocus vernus, Nigritella angustifolia*, etc., sont étiquetés comme ayant été recueillis dans le canton de Château-la-Vallière. De même, dans la partie qui se trouve à Hommes, les *Rosa pyrenaica, Rubus saxatilis, Saxifraga rotundifolia, Eryngium viviparum, Cineraria palustris, Lysimachia thyrsiflora, Euphorbia chamæsyce, Salvinia natans*, etc. sont indiqués comme croissant aussi dans cette région ; et l'*Helodea canadensis* comme ayant été récolté à Hommes en 1837, alors que la présence de cette plante n'a été constatée en France que longtemps après.

s'occupait également de botanique et avait herborisé aux environs de Châteaurenault, et surtout dans les départements de la Sarthe et de Loir-et-Cher.

ROULIER

Né à Luigny (Eure-et-Loir), le 2 novembre 1748, René Roulier était le plus jeune de 11 enfants. Resté seul de cette nombreuse famille, à l'âge de 22 ans, il se mit à voyager et visita les provinces méridionales de la France, ainsi qu'une partie de l'Espagne, de l'Italie et de la Suisse.

Il s'intéressait aux sciences naturelles, en particulier à la botanique et à la minéralogie. Les monuments anciens attiraient également son attention. Aussi mit-il à profit ses voyages pour satisfaire ses goûts pour ces sciences, s'arrêtant partout où il pouvait le faire avec fruit.

A son retour il se fixa d'abord à Richelieu, puis à Tours, où il fut pendant quelque temps professeur de botanique et d'histoire naturelle à l'Ecole centrale. Mais, ennemi de toute contrainte, il donna bientôt sa démission pour consacrer tout son temps à la botanique. Il fit dès lors, chaque jour, aux alentours de la ville, de longues promenades au cours desquelles il découvrit, paraît-il, plusieurs plantes inconnues avant lui dans la région, notamment le *Lindernia Pyxidaria* que la flore de 1833 signale d'après lui aux environs de Tours.

Dès les premières années du xixe siècle, il faisait partie des diverses sociétés savantes existant alors à Tours, et il mourut dans cette ville le 18 mars 1825.

Emile RUBAUD, dit DUCLOS

Emile-Joseph-Maurice Rubaud, dit Duclos, né à Tours le 18 février 1844, étudia la pharmacie dans cette ville, y prit son diplôme en 1871 et s'y établit plus tard comme pharmacien.

Il avait, pendant le cours de ses études pharmaceutiques, étudié la botanique avec fruit et recueilli la plupart des plantes de la flore tourangelle. Il continua dans la suite à cultiver cette science et il mourut à Tours le 22 mai 1893.

Edouard SOUIN DE LA SAVINIERRE

Né à Tours le 17 mars 1838, M. Aristide-Edouard Souin de la Savinierre commença dans cette ville ses études médicales et les termina à Paris.

Il s'adonna de bonne heure à la botanique et, dès 1858, étant encore étudiant dans sa ville natale, il faisait partie de la Société botanique de France. Reçu docteur en médecine, il s'établit à Paris et continua à cultiver sa science favorite.

Chargé, en 1876, d'une mission scientifique aux îles Moluques, il s'arrêta d'abord à Batavia, explora Java, Célèbes et diverses autres parties des Indes néerlandaises, d'où il envoya d'importantes collections au Muséum d'histoire naturelle de Paris. Mais, après un séjour de trois années dans ces régions, sa santé se trouva profondément altérée et il dut rentrer en France avant d'avoir terminé ses explorations.

J'apprends, au moment de donner ces lignes à l'impression, que M. de la Savinierre est encore vivant, mais sa santé ne s'est pas améliorée et tout travail intellectuel lui est interdit.

Paul TASSIN

Né à Huisseau-sur-Cosson (Loir-et-Cher) le 18 avril 1812, Paul-Gervais-Jacques Tassin était premier élève à la pharmacie de l'hospice général de Tours lorsqu'il fut nommé, le 9 mars 1838, pharmacien en chef de cet établissement. Il remplaçait dans cette fonction Parmentier qui lui remit le service le 1er juillet suivant.

Tout en dirigeant la pharmacie de l'hospice, Tassin s'occupait de botanique, et quand Margueron, accablé par l'âge et la maladie, voulut se décharger d'une partie du travail que lui imposait la direction du Jardin botanique, ce fut sur lui qu'il jeta les yeux. Nommé d'abord directeur-adjoint (5 décembre 1846), Tassin fut ensuite nommé « directeur pour la partie scientifique » (14 décembre 1849), et c'est en cette qualité qu'il fit partie des Commissions instituées les 8 mars 1850 et 30 mars 1852 pour la surveillance et l'administration du jardin.

Lorsqu'à la fin de 1853 l'hospice eut cédé le jardin à la ville, Tassin cessa de remplir les fonctions de directeur (5 novembre 1853). Il les reprit deux ans après (25 octobre 1855), prodigua tous ses soins à l'établissement et dota l'école de botanique et les serres de superbes collections.

Tassin était également professeur suppléant à l'Ecole de médecine et il faisait un cours public et municipal de botanique, qu'il avait créé.

Bien que l'étude des plantes eut pour lui beaucoup d'attraits, il herborisait peu. Ses occupations multiples prenaient tout son temps. Il recueillit cependant à Tours quelques espèces intéressantes, notamment l'*Asperugo procumbens*, qu'il rencontra sur des décombres entre l'hôpital et Saint-Eloi.

En 1857, Tassin résigna ses fonctions et quitta la Touraine pour prendre à Blois une pharmacie qu'il conserva peu de temps. Nommé pharmacien en chef des hospices de Soissons, par décision de la Commission administrative de cet établissement, en date du 6 novembre 1863, il prit possession de son service le 1er décembre suivant et le conserva jusqu'à sa mort (25 janvier 1888). Il n'avait pas cessé de s'occuper de botanique et il était officier de l'instruction publique depuis plusieurs années déjà.

Henri TOURLET

Louis-René-Henri Tourlet, mon père, naquit à Amboise le 1er janvier 1809. Entré comme élève, à la fin de 1828, chez M. Bréart, pharmacien dans cette ville, il commença aussitôt à s'occuper de botanique. Il employa l'hiver à étudier l'organographie et se mit à herboriser au printemps suivant.

Il prit goût à cette science, mais ne tarda pas à s'apercevoir qu'il oubliait le nom et les caractères distinctifs de chaque plante à mesure qu'il en étudiait de nouvelles. C'est alors qu'il eut l'idée de conserver la fleur de chacune des espèces qu'il analysait, en ayant soin de la disposer de façon à en laisser voir les organes essentiels. Bientôt il y ajouta une feuille, puis une sommité fleurie, qu'il collait avec la fleur sur un papier portant le nom de la plante. Plus tard, il cessa de coller les végétaux dont il conservait du reste une portion plus considérable ou qu'il gardait même en entier lorsque leur taille le permettait. Il arriva ainsi peu à peu, sans le secours d'aucun maître et sans connaître même l'existence des herbiers, à former une collection de plantes d'après les principes alors en usage parmi les botanistes.

De 1829 à 1833, il recueillit à Amboise un certain nombre d'espèces intéressantes, encore inconnues dans cette localité, notamment : *Glaucium flavum*, *Scleranthus perennis*, *Campanula rapunculoides*, *Oxalis diffusa* Bor. (sous le nom d'*O. Corniculata*), etc.

Il continua ensuite ses herborisations à Tours, où il resta comme élève dans la pharmacie tenue alors par M. Anglada (1833-1834) puis par M. Couteau (1834-1839). Il était dans cette officine lorsque, par sa lettre du 16 février 1838, Parmentier, pharmacien en chef de l'hospice de Tours, fit connaître à l'administration son intention irrévocable de cesser à bref délai ses fonctions. Plusieurs personnes qui s'intéressaient à mon père songèrent aussitôt à lui pour ce poste de confiance, mais il était déjà trop tard : les administrateurs avaient, le jour même de la réception de la lettre de Parmentier, adressé au Préfet une liste de trois candidats parmi lesquels ce magistrat devait choisir le nouveau titulaire.

Mon père se fit recevoir à Poitiers à l'automne de cette même année et, en 1839, il vint à Chinon où il prit possession de la pharmacie de M. Supliceau le 1er janvier 1840. Il continua à s'occuper de botanique, mais les exigences de sa profession le forcèrent dès lors à limiter la plupart de ses excursions à de simples promenades aux alentours de la ville. Il sut cependant y découvrir quelques espèces intéressantes que Coqueray observa plus tard aux mêmes lieux et signala en 1873 dans le Catalogue des plantes d'Indre-et-Loire.

Il exerçait la pharmacie depuis plus de 40 ans, tant comme élève que comme pharmacien diplômé, et avec une conscience poussée jusqu'au scrupule, lorsqu'il m'abandonna la direction de son officine le 1er janvier 1869.

Ce fut mon père qui, au printemps de 1861, m'initia à la botanique et me fit prendre goût à cette science qu'il aimait tant. Il ne cessa ensuite de me prodiguer ses conseils et ses encouragements, sans lesquels j'aurais peut-être abandonné l'étude des plantes, en raison de l'énervement que me causait parfois l'impossibilité où je me voyais d'appliquer à la botanique systématique les méthodes rigoureuses des sciences exactes. Je ne pouvais me faire à l'idée de l'existence de ces formes embarrassantes qui relient certaines espèces entre elles et qu'il est souvent si difficile de classer.

Je remplis donc un devoir de piété filiale, en même temps qu'un acte de justice, en citant mon père parmi les botanistes tourangeaux.

Charles TROUILLARD

Né le 19 février 1821 à Saumur, où il fut pendant longtemps banquier, Charles Trouillard faisait partie de la Société botanique de France depuis 1856 lorsqu'il mourut dans sa ville natale le 30 avril 1888.

Il s'était toujours beaucoup occupé de botanique, et pendant les séjours qu'il faisait chaque année dans sa propriété de Vivy, en Maine et Loire, il avait souvent herborisé sur les communes de Gizeux et de Continvoir. Mais il n'y avait, m'a-t-il dit, rien trouvé qui ne fut connu avant lui, si ce n'est le *Celtis australis* qu'il me signala à Gizeux, où je l'avais du reste observé déjà.

Il a publié un Catalogue des Mousses et Hépatiques des environs de Saumur.

LES FRÈRES TULASNE

Les frères Tulasne furent constamment unis par les liens d'une étroite amitié.

Le plus âgé, Louis-René (dit Edmond), né à Azay-le-Rideau le 12 septembre 1815, prit à Poitiers le diplôme de licencié en droit (13 août 1835) et, pour satisfaire au désir de son père, il entra dans le notariat, tandis que le cadet, Charles, né à Langeais le 6 septembre 1816, allait étudier la médecine à Paris.

Cependant, dès cette époque, le clerc de notaire aimait passionnément les plantes et employait tous ses loisirs à herboriser. Aussi s'empressa-t-il, lorsqu'il eut perdu son père, à la fin de 1839, d'aller rejoindre son frère à Paris pour se livrer sans réserve à son goût pour la botanique. Moins de 3 ans après (avril 1842) il était aide-naturaliste au Muséum ; 12 ans plus tard (1854) il remplaçait à l'Académie des sciences le célèbre Adrien de Jussieu, et en 1856, il était chevalier de la Légion d'honneur.

Les deux frères vivaient à Paris dans la plus parfaite intimité. Charles, dessinateur fort habile, n'avait pas tardé à sacrifier pour son aîné sa carrière médicale ; il prenait plaisir à l'aider dans ses recherches et à illustrer ses ouvrages ; et bientôt les noms de Louis-René et de Charles Tulasne se trouvèrent associés en tête de plusieurs publications importantes.

Leurs travaux, qui, pour la partie scientifique, sont presque exclusivement l'œuvre de l'aîné, parurent pour la plupart dans les *Annales des Sciences naturelles* ; quelques-uns cependant furent insérés dans divers autres recueils périodiques ou furent l'objet de publications spéciales, notamment leurs splendides ouvrages intitulés : *Fungi hypogæi* et *Selecta Fungorum carpologia*.

Les deux Tulasne se sont peu occupés de la végétation phanérogamique du département. L'aîné a cependant découvert le *Lemna arhiza* dans le Vieux-Cher, à Lignières. La cryptogamie a toujours et partout été l'objet de leurs études favorites, et plusieurs des publications signées de ces deux botanistes donnent des renseignements intéressants sur la flore mycologique d'Indre-et-Loire (1).

Epuisé par le travail et la maladie, Louis-René interrompit ses recherches en 1872. Les deux frères se retirèrent bientôt après à Hyères, où ils ne s'occupèrent désormais que d'œuvres charitables et de fondations pieuses. Ils moururent dans cette localité, le plus jeune le 28 août 1884, et l'aîné le 22 décembre de l'année suivante.

M. le D^r Ed. Bornet leur a consacré une Notice biographique, qu'il a lue à la séance de l'Institut du 22 novembre 1886 et qu'il a fait suivre d'une bibliographie complète de leurs travaux.

VERCIER

Professeur de huitième au collège de Tours, de 1844 à 1850, Vercier (Simon-Victor) s'est, pendant tout ce temps, occupé de botanique, herborisant tantôt seul, tantôt et plus souvent avec Delaunay et surtout avec le Dr Blanchet. Ce dernier était avec lui lorsqu'il découvrit à Semblançay le *Rumex maritimus.*

Après son départ, Vercier resta pendant quelques années en relations avec le Dr Blanchet, qui reçut de lui des plantes du Jura, du Gard, de Saône-et-Loire, et notamment de Louhans, où il devait se trouver en 1856. Il collaborait alors aux *exsiccata* de MM. Puel et Maille.

Jules VIEL

Fils d'un chef d'institution de Mayenne, Viel (Jules-Julien) naquit dans cette ville le 9 avril 1812. A la fin de sa troisième, il entra comme élève en pharmacie chez M. Laroche,

---

(1) Je citerai notamment les *Champignons hypogés de la famille des Lycoperdacées* observés dans les environs de Paris et les départements de la Vienne et d'Indre-et-Loire par L.-R. et Ch. Tulasne (Annales des Sc. nat., 2e série, Botanique, t. XIX, p. 372.).

établi dans cette localité, puis il alla continuer son stage à Sillé-le-Guillaume. Obligé de satisfaire à la loi militaire, il resta deux ans sous les drapeaux, reprit ensuite ses études pharmaceutiques et se fit recevoir au Mans, en 1839. Il s'établit alors à Tours, où il succéda à M. Reyneau dans l'officine de la place aux Fruits, qu'il devait tenir pendant 25 ans.

Praticien consciencieux, il sut se faire estimer dans l'exercice de sa profession. Mais la direction de sa pharmacie ne suffisait pas à son activité. Entreprenant et ingénieux, il chercha à inventer des appareils destinés à améliorer le mode de préparation et d'administration de certains médicaments, et ses recherches furent couronnées de succès.

C'est ainsi qu'il imagina d'abord une machine pour enrober les médicaments, puis un pilulier rotatoire, un pastilleur spécial et enfin un capsulateur permettant de fabriquer rapidement et dans d'excellentes conditions les perles ou globules médicamenteux.

Viel céda son officine au mois de novembre 1864 et, dès l'année suivante, ses concitoyens le faisaient entrer au Conseil municipal. En 1871, il était élu conseiller général du canton de Tours-centre et ce mandat lui était renouvelé en 1877.

Il avait été président de la Société pharmaceutique d'Indre et Loire, adjoint au Maire de Tours, membre du Conseil central d'hygiène du département, administrateur du Bureau de bienfaisance, de l'hospice et des prisons ; il était enfin membre correspondant de la Société de pharmacie de Paris depuis 1867, et chevalier de la Légion d'honneur depuis plusieurs années déjà, lorsqu'il mourut à Tours le 4 avril 1893.

Viel s'était beaucoup occupé de l'étude des champignons comestibles et vénéneux et c'est à ce titre qu'il peut figurer parmi les botanistes tourangeaux. Pour faciliter l'étude de ces cryptogames, il avait eu l'idée d'en faire des moulages par un procédé spécial. Dès 1855, il avait présenté à l'exposition universelle de Paris une collection de ces reproductions plastiques, qu'il augmenta dans la suite et dont il fit hommage au Musée de la ville de Tours, où elle se trouve encore aujourd'hui.

Le vicomte de VILLIERS DU TERRAGE

Le vicomte Paul-Etienne de Villiers du Terrage, ancien conseiller d'Etat, ancien Pair de France, ancien préfet, était originaire de Versailles, où il était né le 25 janvier 1774. Il mourut à Tours le 20 décembre 1858.

Il était « commandant » de la Légion d'honneur et avait reçu, le 2 février 1825, le titre de vicomte avec institution de Majorat.

C'était un administrateur du plus haut mérite et, en même temps, un fin lettré et un naturaliste distingué.

Après la révolution de 1848, il était venu résider à Tours, près de sa fille, Mme la baronne Auvray, et il lui fut bientôt donné de rendre à cette ville des services signalés.

Margueron, déjà très âgé, malade et impotent, ne pouvait plus s'occuper activement du Jardin botanique qui, depuis quelques années, périclitait entre ses mains. Le vicomte du Terrage s'intéressa vivement à cet établissement et prit à tâche de le réorganiser. Il y employa toute son activité et réussit pleinement.

Lorsqu'en 1850 l'administration nomma une commission chargée de seconder le directeur, il fut aussitôt appelé à en faire partie ; et, deux ans après, lorsque le préfet, par arrêté du 30 mars 1852, eut divisé cette Commission en deux sections, l'une consultative, c'est-à-dire scientifique, l'autre administrative, le vicomte du Terrage fut nommé vice-président de cette dernière et en même temps contrôleur des cultures et des dépenses du jardin.

Le jardin botanique était encore, à cette époque, la propriété de l'hôpital, qui l'entretenait à ses frais. C'était une source incessante de conflits entre la municipalité et l'administration de l'hospice. Le vicomte du Terrage y mit fin en obtenant que la ville, usufruitière du terrain, fît du jardin un établissement municipal et le dotât convenablement. Il en prit alors la direction effective (5 novembre 1853) qu'il transmit, deux ans après, à M. Tassin (25 octobre 1855). En reconnaissance des services qu'il avait rendus, il reçut le titre de directeur honoraire et, comme il avait également enrichi de ses dons le musée d'histoire naturelle de la ville, dont il avait revu toute la classification, le Conseil municipal de Tours décida de perpétuer le souvenir de ces bienfaits en en plaçant deux plaques commémoratives, l'une dans la grande serre du jardin, l'autre dans la salle principale du Musée.

Le vicomte de Villiers du Terrage, qui avait toujours beaucoup aimé les plantes, faisait partie de la Société botanique de France. Il a laissé, paraît-il, un herbier important, mais sans doute aujourd'hui en mauvais état, et que conserve sa famille.

Le Dr Maurice VIOLLET

Né à La Riche-Extra, le 5 juillet 1848, le Dr Maurice-Joseph Viollet commença ses études médicales à Tours (1867-1871) et les termina à Paris, où il fut reçu externe des hôpitaux en 1871 et interne en 1872. Quatre ans après il soutenait sa thèse et venait aussitôt se fixer à Tours.

Nommé, en 1878, professeur suppléant à l'Ecole, puis médecin-adjoint à l'hôpital, un brillant avenir s'ouvrait devant lui quand il fut terrassé par un mal implacable dont il ressentait les atteintes depuis quelque temps déjà et qui l'enleva à la fleur de l'âge, le 10 avril 1883.

Pendant le cours de ses études, Maurice Viollet n'avait négligé aucune des parties de l'enseignement que lui donnaient ses maîtres. A l'Ecole de Tours, il avait cultivé la botanique avec ardeur et avait réuni dans son herbier la plupart des plantes de la flore tourangelle.

En 1870, j'eus le plaisir de le guider aux environs de Chinon, où il était venu avec Delaunay et M. Boutineau, l'un de ses meilleurs amis et alors aussi un fervent disciple de Linné. Les quelques heures que je passai avec lui suffirent pour me laisser entrevoir toutes les qualités que recélait cette nature d'élite.

––––––––

Indépendamment des botanistes dont je viens de parler, qui tous sont originaires de la Touraine ou ont exploré cette province avec plus ou moins de zèle et de succès, un certain nombre de professeurs, de savants, appelés en Indre-et-Loire par leurs fonctions, leurs relations ou l'attrait de la végétation, y ont observé ou recueilli quelques plantes intéressantes. Sans vouloir les citer tous, je nommerai :

Le professeur Adolphe CHATIN, de l'Ecole supérieure de pharmacie de Paris, qui souvent est venu à Tours présider à des examens et qui parfois a profité de son séjour dans cette ville pour y faire quelques promenades botaniques. En 1868 et 1871, il vint même à Chinon où je lui fis visiter le château et les environs immédiats de la ville, ainsi que les truffières du Loudunais, situées sur les confins de la Touraine.

Le professeur Joseph DECAISNE, du Muséum d'histoire naturelle de Paris, qui, en 1864, visita au Grand-Pressigny « la remarquable localité du Lavandula Spica » (*Bul. de la Soc. bot. de France*, t. XI, p. 368).

Ernest GERMAIN DE SAINT-PIERRE, l'un des auteurs de la Flore des environs de Paris, qui, en 1880 ou 1881, se trouvant au château de Pontourny, observa dans l'Indre une plante qu'il déclara être fort intéressante et qui, d'après les renseignements fournis par les personnes présentes, devait être l'*Helodea canadensis*.

Le Dr Emile LIEUTAUD, alors directeur du Jardin des Plantes et professeur à l'Ecole de médecine d'Angers, qui vint plusieurs fois à Chinon dans le but d'y recueillir quelques plantes intéressantes, notamment des Orchidées.

––––––––

II. — Liste des Botanistes tourangeaux ou ayant herborisé en Touraine, actuellement existants.

MM.

ANDRÉ (Edouard), architecte-paysagiste, rédacteur de la *Revue horticole*, à Paris. — M. André, qui a visité l'Amérique du Sud et, en France, le département du Cher, a aussi herborisé en Indre-et-Loire, où il réside pendant une partie de l'année à La Croix-de-Bléré.

ARISTOBILE (Moïse), jardinier à Preuilly. — A surtout herborisé aux environs de cette localité.

AUDEBERT (Louis), jardinier-chef au château de Candé, commune de Monts, et précédemment aux Touches, près de Ballan. — A surtout herborisé aux environs de Tours, ainsi que dans les vallées de l'Indre et de la Claise.

BALLU (Louis), instituteur à Pocé et précédemment à Avrillé.

BARNSBY (David), directeur honoraire de l'Ecole de mé decine et de pharmacie de Tours, membre correspondant de l'Académie de médecine. — M. Barnsby, qui est le doyen des botanistes du département, a, comme professeur d'histoire naturelle, dirigé pendant de longues années les herborisations de l'Ecole de médecine.

BEHR (Madame), professeur à l'Ecole normale d'institutrices de Tours, à Saint-Symphorien.

BLET (Jean), instituteur à Saunay.

BONNAUD (Alexandre), instituteur à Monts, et précédemment à Parçay-sur-Vienne.

BOSSEBOEUF (l'abbé François), ancien professeur au Petit-Séminaire de Tours, aujourd'hui à l'Université libre d'Angers.

BOUCHARD (Auguste) ancien jardinier à l'Ecole normale de Loches, puis à l'Ecole primaire supérieure d'Amboise, actuellement en Loir-et-Cher.

BOUTINEAU (François-Emile), président de la Société pharmaceutique d'Indre-et-Loire, 73, rue de l'Alma, à Tours. — A surtout herborisé, dans le département, aux environs de Tours et de Chinon. Son herbier a été déposé, il y a plusieurs années, au Petit-Séminaire.

BOUVET (Georges), pharmacien, conservateur de l'herbier Lloyd et directeur du Jardin des plantes d'Angers. — A herborisé aux environs d'Amboise en 1873.

CALZANT (Ernest), instituteur-adjoint à Châteaurenault.

CAPILLON (Léon), propriétaire à Lussault.

CARREAU (Paul), instituteur à La Claie, commune d'Azay-sur-Cher.

CÉCILIUS (Frère), ancien professeur au pensionnat de la rue Léon-Boyer, à Tours.

CHAUMIER (Edmond), docteur en médecine à Tours. — A surtout herborisé dans le canton du Grand-Pressigny.

DENIS, jardinier à Val-Brenne, commune de Neuville, et précédemment aux Touches, près de Ballan.

DOUCET (Eugène), instituteur à Cinq-Mars, et précédemment aux Hermites.

DUMAS (Auguste), inspecteur des Bâtiments au chemin de fer d'Orléans, en retraite à Nantes. — A dirigé en 1871-1872 les travaux de reconstruction du viaduc de Cinq-Mars, et a herborisé alors aux environs de Cinq-Mars, Bourgueil, Tours, etc.

DUPUY (Henri), professeur à l'Ecole normale d'instituteurs de Loches.

GASNAULT (père), ancien régisseur de la terre de Luynes.

GUIARD (l'abbé), à Paris. — A pendant longtemps herborisé à Sainte-Catherine-de-Fierbois, où il passait alors une partie de l'année au château de Commacre.

HUET (JULES), instituteur dans les Ardennes. — A herborisé en Indre-et-Loire en 1890, alors qu'il était instituteur-adjoint à Saint-Paterne.

HY (l'abbé FÉLIX-CHARLES), professeur à l'Université libre d'Angers. — A herborisé à Gizeux et Continvoir.

IVOLAS, professeur de l'Université en retraite, à Tours.

JOB (Paul), instituteur à La Chapelle-de-Cheillé.

JOUREAU (l'abbé ALPHONSE), ancien vicaire à Azay-le-Rideau, prêtre habitué à La Guerche, son pays natal. — A surtout herborisé aux environs de ces deux localités.

JUIGNER, inspecteur à la colonie agricole de Mettray.

LAMOTE-BARACÉ (le marquis JUHEL DE), au château du Coudray-Montpensier, à Seuilly.

LÉGER (LOUIS), professeur à la Faculté des sciences de Grenoble. — Originaire d'Indre-et-Loire, M. Léger a surtout herborisé aux environs de Langeais, lorsqu'il était élève en pharmacie dans cette localité.

LEMOINE, jardinier en chef du Jardin botanique de Tours.

LESAINS (AUGUSTE), instituteur à Sainte-Maure.

LESOURD (MAX), propriétaire à Tours, ancien membre de la Société botanique de France.

MABILLE (PAUL), professeur de l'Université en retraite, au Perreux (Seine). — A herborisé aux environs de Tours lorsqu'il était professeur au Lycée (1873-74).

MADRELLE (ALEXANDRE), instituteur à Lussault.

MARCHAND (NESTOR-LÉON), docteur en médecine, ancien professeur de botanique cryptogamique à l'Ecole supérieure de pharmacie de Paris. — Originaire de Tours, où il a com-

mencé ses études médicales, M. Marchand a surtout herborisé, en Indre-et-Loire, aux environs du chef lieu, ainsi qu'à
Sonzay, Saint-Paterne, Saint-Christophe, Souvigné, Château-la-Vallière.

MARTEL (Vincent-Dieudonné), directeur de l'Ecole primaire supérieure de Rouen; a herborisé aux environs de
Loches lorsqu'il était professeur de Sciences physiques et
naturelles à l'Ecole normale d'instituteurs de cette ville
(1885-1888).

MARTINET (Henri), architecte-paysagiste à Paris. — Originaire d'Azay-le-Rideau, M. Martinet a herborisé aux environs de cette localité avant d'entrer comme élève à l'Ecole
nationale d'horticulture de Versailles.

MERCIER (Louis), ancien négociant à Tours, actuellement
à Clamart (Seine). — A herborisé autrefois aux environs
d'Amboise, son pays natal.

MÉNAGER (Raphael), manufacturier à Laigle (Orne). —
A souvent herborisé en Indre-et-Loire.

MEUNIER, instituteur en retraite à Azay-le-Rideau.

NANTEUIL (le baron Roger de), au château du Haut-Bri-
zay, par l'Ile-Bouchard.

NIVERT (Eugène), instituteur à Civray-sur-Esves, et précédemment à La Claie (Azay-sur-Cher).

NOBLET (dom André), au monastère des Bénédictins, à
Chevetogne, par Leignon (Belgique). — Originaire de la
Charente, dom Noblet a souvent herborisé aux environs de
Chinon, où il a de la famille. L'abbé Coqueray a relevé dans
les notes que je lui avais communiquées en 1873, lors de la
rédaction du Catalogue des plantes d'Indre-et-Loire, le nom
d'un de ses cousins, Lucien Noblet, qui, étant encore collé-
gien, m'accompagnait quand je recueillis le *Physalis Alke-
kengi* dans le bois de Bergeolles, à Seuilly.

NORMAND (Joseph), médecin-major des places de Collioure et de Port-Vendres. — Originaire de Tours, M. le

Dr Normand a herborisé en Indre-et-Loire lorsqu'il étudiait la médecine à l'Ecole de cette ville.

NOURISSON (l'abbé), professeur au Grand-Séminaire de Tours.

PITARD, professeur à l'Ecole de médecine et de pharmacie de Tours.

SCHIFFMACHER (Gustave), pharmacien à Tours.

SENNEGON (Pierre), instituteur à Saint-Cyr-sur-Loire, et précédemment à Chaumussay, Saint-Flovier, Neuvy-le-Roi.

THOMAS (Louis), docteur en médecine à Tours.

TOURLET (Ernest-Henry), pharmacien honoraire, à Chinon. — (J'ai exploré, depuis 45 ans, presque toutes les communes du département dans le but d'en publier la Flore. Le manuscrit de ce travail, terminé il y a longtemps déjà, sera livré à l'impression aussitôt après la publication d'un catalogue raisonné des plantes d'Indre-et-Loire, qui paraîtra prochainement et dans lequel se trouveront consignés une foule de renseignements qui ne pourraient trouver place dans la Flore).

VARENNE (Mademoiselle), institutrice à Tours, et précédemment à Loches.

VERGNAUD (Louis), instituteur à Barrou, et précédemment à Monthodon.

YSAMBERT, docteur en médecine à Tours.

III. — Liste des publications concernant la Flore d'Indre-et-Loire (1)

(Félix DUJARDIN). — *Flore complète d'Indre-et-Loire*, publiée par la Société d'agriculture, sciences, arts et belles-lettres, et dédiée à M. d'Entraigues, préfet du département, précédée d'une introduction à l'étude de la botanique. — Tours, Mame, 1833. — In-8° de 20 feuillets non chiffrés (1 pour le faux titre, 1 pour le titre et la liste des membres résidants de la Société, 1 pour la dédicace, 2 pour la préface, 6 pour l'introduction, 4 pour la clef analytique et 5 pour un *Coup d'œil sur les végétaux cultivés dans le département*, par le comte Odart) ; 472 pages numérotées pour la Flore, les additions et corrections et la table ; et 3 planches. — Cet ouvrage, publié aux frais de la Société d'agriculture, ne porte pas de nom d'auteur, mais a été rédigé par M. Félix Dujardin.

A. BOREAU. — *Une excursion botanique aux environs de Chinon.* (Bulletin de la Société industrielle d'Angers, xxve année, 1854). Tirage à part : Angers, imp. de Cosnier et Lachèze, in-8° de 8 pages.

Jules DELAUNAY. — *Catalogue des plantes vasculaires du département d'Indre-et-Loire.* (Bulletin de la Société tourangelle d'horticulture, 1872). — Tirage à part : Tours, imp. Jules Bouserez, 1873. In-8° de 141 pages — La préface, qui occupe les pages 3 à 20, est l'œuvre de l'abbé J. Coqueray qui a coordonné les matériaux laissés par Delaunay.

G. BOUVET. — *Plantes rares ou nouvelles pour la Flore d'Indre-et-Loire, observées aux environs d'Amboise, en juin-juillet*

----

(1) Je ne mentionne ici ni les publications relatives à la flore de France, qui pour la plupart donnent quelques indications sur la végétation tourangelle ; ni la *Flore du Centre de la France et du Bassin de la Loire*, de Boreau, qui comprend la Touraine ; ni les travaux concernant la flore des départements voisins, et dans lesquels il est accessoirement question des plantes d'Indre-et-Loire ; ni, enfin, les manuscrits dont j'ai parlé précédemment.

1873. (Bulletin de la Société botanique de France, t. XXII,
1875, p. LXIII). — Réimprimé dans le Bulletin de la Société
d'études scientifiques d'Angers, avec tirage à part accompagné d'*Additions à la Flore de Maine-et-Loire*, le tout portant ce
titre collectif : *Observations sur plusieurs plantes rares ou nouvelles pour la Flore des départements de Maine-et-Loire et d'Indre-
et-Loire*. Angers, E. Barassé, 1876. In-8° de 14 p. dont 4 pour
les plantes d'Indre-et-Loire.

DOUMERGUE. — *Rapport sur l'excursion botanique faite le
dimanche 17 juin 1883, dans les environs d'Amboise*, par les
membres de la Société d'histoire naturelle de Loir-et-Cher.
(Bull. de la Soc. d'histoire naturelle du Loir-et-Cher, n° 2,
1884, p. 16).

D. BARNSBY. — *De l'acclimatation de quelques espèces ani-
males et végétales en Touraine*. (Annales de la Société d'agriculture, sciences, arts et belles-lettres du département d'Indre-et-Loire, t. XLIX, 1870, p. 90-100, les 2 dernières consa-
crées à la botanique). — Tirage à part : Tours, Mazereau, s.
d., in-8°.

id. — *Florules d'Indre-et-Loire*. — *I. La vallée de l'Indre*.
(Bulletin de la Société de pharmacie du département d'In-
dre-et Loire, 1886). — Tirage à part : Tours, Mazereau, 1886.
In-8° de x p.

id. — *Florules d'Indre-et-Loire*. — *II. La région des étangs*.
(Cantons de Neuillé-Pont-Pierre et de Château-la-Vallière).
Tours, Mazereau, 1887. In-8° de XIV p.

id. — *Florules d'Indre-et-Loire*. — *III. De Tours à Château-
la-Vallière par Luynes et Cléré*. Tours, Deslis frères, 1890,
In-8° de 19 p.

V. MARTEL. — *Petit guide du botaniste aux environs de
Loches*, à l'usage des Elèves-Maîtres de l'Ecole normale,
1886-87. In-8° de 73 pages, la dernière non chiffrée, avec
une carte des environs de Loches. Autographié.

G. CHASTAINGT. — *Enumération des Rosiers croissant naturellement dans le département d'Indre-et-Loire.* (Bulletin de la
Société botanique de France, t. xxxv, 1888, p. 131). — Réimprimé à Tours, Deslis frères, s. d. In-8° de 4 p.

(id). — *Description de deux Rosiers de la sous-section caninœ-
hispidœ, appartenant à la Flore d'Indre-et-Loire.* (Bull. de la
Soc. bot. de Fr., t. xxxv, 1888, p. 281). — Tirage à part : Paris,
Imprimeries-Réunies, 1888. In-8° de 4 p.

(id.). — *Variabilité, observée dans Indre-et-Loire, des caractères morphologiques de quelques formes, dites espèces secondaires,
de Rosiers appartenant aux sections des Synstylœ et Caninœ.*
(Bull. Soc. bot. de Fr., t. xxxvii, 1890, p. 69).

(id.). — *Résultats d'études nouvelles relatives aux flores rhodo-
logiques des départements de l'Indre et d'Indre-et-Loire.* (Bull. Soc.
bot. de Fr., t. xxxvii, 1890, p. 192).

(id.). — *Prodrome d'une monographie des Roses d'Indre-et-
Loire.* (Mém. de l'Acad. des sciences et belles-lettres d'Angers,
nouvelle série, t. i, 1890-91, pages 69-135). — Tirage à part :
Angers, Lachèse et Dolbeau, 1891. In-8° de x et 57 p. — Ce
travail, en cours de publication lors du décès de Chastaingt,
est resté inachevé. Il comprend l'énumération des *Synstylœ*,
des *Centifoliœ*, des *Pimpinellifoliœ*, et des *Caninœ nudœ, biserratœ
hispidœ* et *pubescentes*. Je n'ai vu, du tirage à part, que des
épreuves portant les corrections de l'auteur.

E.-H. TOURLET. — *Description de deux Rosiers appartenant
à la Flore d'Indre-et-Loire.* (Bull. de la Soc. botanique de
France, t. xlix, p. 196). — Tirage à part : Paris, Librairies-
Imprimeries réunies, 1902. In-8° de 10 p.

(id.). — *Description de quelques plantes nouvelles ou peu con-
nues, observées dans le département d'Indre-et-Loire.* (Bull. de la
Soc. bot. de France, t. l, p. 305). — Tirage à part : Paris,
Librairies-Imprimeries réunies, 1903. In-8° de 13 p.

(id.). — *Revision de la Flore du département d'Indre-et-Loire.*

(Bull. de la Soc. bot. de France, t. L, p. 401). — Tirage à part : Paris, Librairies-Imprimeries réunies, 1903. In-8° de 30 p.

E.-H. TOURLET. — *Plantes introduites, naturalisées ou adventices du département d'Indre-et-Loire.* (Bull. de la Soc. bot. de France, t. LI, pages 222 et 279). — Tirage à part, sous le nom de : *Tableau de la Flore adventice du département d'Indre-et-Loire.* Paris, Librairies-Imprimeries réunies, 1904. In-8° de 26 p.

(id.). — *Notice sur les Primevères de la Flore tourangelle.* (Bull. de la Soc. pharmaceutique d'Indre-et-Loire, 1905). — Tirage à part : Tours, Salmon, 1905. In-8° de 12 p.

TABLE DES MATIÈRES

TOURS, IMP. P. SALMON, 10, RUE GAMBETTA.